全国城市轨道交通专业高职高专规划教材

Gongcheng Dizhi

工 程 地 质

李志强　盛海洋　主编
王得楷[甘肃省地质所]　主审

人民交通出版社

内 容 提 要

　　本书是全国城市轨道交通专业高职高专规划教材。本书共分十一章,内容包括四部分:第一部分为地质学基本知识与常见矿物、岩石特征及识别鉴定,其具体学习任务主要有地质作用及地质年代表;地层及其接触关系;常见矿物识别与鉴定;常见三大类岩石识别与鉴定;岩石工程性质及分类等。第二部分为地质构造,其具体学习任务主要有各类地质构造及判别;地质构造对城市轨道交通建设工程的影响;阅读地质图等。第三部分为水文地质基础与工程,其具体学习任务主要有地表水地质作用与工程;地下水地质作用与工程。第四部分为常见不良地质现象,其具体学习任务主要有斜坡不良地质;地震及液化;喀斯特地质;黄土地质等。

　　本书可作为高等职业院校城市轨道交通工程技术专业的教学用书,也可作为相关专业的培训参考书。

　　＊本书配有多媒体助教课件,任课教师可通过加入职教轨道教学研讨群(QQ群:129327355)索取。

图书在版编目(CIP)数据

　　工程地质 / 李志强,盛海洋主编. —北京:人民
交通出版社,2013.8
　　全国城市轨道交通专业高职高专规划教材
　　ISBN 978-7-114-10714-6

　　Ⅰ.①工…　Ⅱ.①李…②盛…　Ⅲ.①工程地质—高
等职业教育—教材　Ⅳ.①P642

　　中国版本图书馆 CIP 数据核字(2013)第 125337 号

　　审图号:GS(2019)3457 号

　　　　　　全国城市轨道交通专业高职高专规划教材
书　　　名:工程地质
著 作 者:李志强　盛海洋
责任编辑:袁　方
出版发行:人民交通出版社
地　　址:(100011)北京市朝阳区安定门外外馆斜街 3 号
网　　址:http://www.ccpress.com.cn
销售电话:(010)59757973
总 经 销:人民交通出版社发行部
经　　销:各地新华书店
印　　刷:北京鑫正大印刷有限公司
开　　本:787×1092　1/16
印　　张:11.25
字　　数:262 千
版　　次:2013 年 8 月　第 1 版
印　　次:2022 年 1 月　第 4 次印刷
书　　号:ISBN 978-7-114-10714-6
定　　价:32.00 元
(有印刷、装订质量问题的图书由本社负责调换)

全国城市轨道交通专业高职高专规划教材
编 审 委 员 会

出版说明

我国轨道交通正处于快速发展阶段,目前已有30个城市的轨道交通建设规划获批,预计至2020年,我国城市轨道交通累计营业里程将达到7395km,而我国有发展轨道交通潜力的城市更是多达229个,预计2050年规划的线路将增加到289条,总里程数将达到11700km。

面临这一大好形势,各地职业院校纷纷开设了城市轨道交通相关专业。为了适应我国城市轨道交通专业高职高专教育对教材建设的需要,我们在2012年推出城市轨道交通运营管理专业高职高专规划教材之后,广泛征求了各职业院校的意见,规划了全国城市轨道交通工程技术专业高职高专规划教材。

为保证教材出版质量,我们从开设城市轨道交通工程技术专业的优秀院校中遴选了一批骨干教师,组建成教材的编写团队;同时,在高等院校、施工企业、科研院所聘请一流的行业专家,组建成教材的审定团队,初期推出以下13种:

《工程地质》
《工程制图及CAD》
《工程力学》
《土力学与地基基础》
《轨道交通概论》
《轨道工程测量》
《桥梁工程技术》
《轨道施工组织与概预算》
《轨道工程材料》
《轨道养护与维修技术》
《轨道施工技术》
《路基施工技术》
《隧道及地下工程技术》

本套教材具有以下特点:

1. 体现了工学结合的优势。教材编写过程努力做到了校企结合,聘请地铁施工企业参与编写、审稿,并提供了大量的施工案例。

2. 突出了职业教育的特色。教材内容的组织围绕职业能力的形成,侧重于实际工作岗位操作技能的培养。

3.遵循了形式服务于内容的原则。教材对理论的阐述以应用为目的,以够用为尺度。语言简洁明了、通俗易懂;版式生动活泼、图文并茂。

4.整套教材配有教学课件,读者可于人民交通出版社网站免费下载;每章后附有复习思考题,部分章节还附有实训内容。

希望该套教材的出版对全国职业院校城市轨道交通专业教材体系建设有所裨益。

全国城市轨道交通专业高职高专规划教材

编审委员会

2013 年 5 月

前　言

随着城市轨道交通专业的蓬勃发展,急需编写一部能体现高职教育特点,适合城市轨道交通建设实际需求,具有鲜明行业特色的工程地质教材。根据城市轨道交通运输类专业指导委员会的统一安排,我们在参考路桥工程专业原有《公路工程地质》教材的基础上,紧扣城市轨道交通工程技术专业的人才培养方案,针对城市轨道交通专业所涉及的工程地质知识要点,编写了这本《工程地质》。

工程地质是城市轨道交通专业的专业基础课,通过本课程的学习,为进一步学习"轨道工程材料"、"路基施工技术"、"土力学与地基基础"、"隧道及地下工程技术"、"桥梁工程技术"奠定基础。本教材的教学目标是学生能较为系统地了解地质基础知识;初步掌握区分三大类常见岩石及肉眼鉴别主要造岩矿物的方法和技能;掌握一般地质构造的特征及分析方法,具有阅读一般地质图的能力;了解流水地质作用并能依据堆积物特征进行工程地质评价,掌握水文地质基础知识并能进行简单的水质分析与评价;能识别各种不良地质现象,了解其对城市轨道工程的影响并提出相应的处置措施。

本书共分为十一章,内容包括四部分:第一部分为地质学基本常识与常见矿物、岩石特征及识别鉴定,其具体学习任务主要有地质作用及地质年代表;地层及其接触关系;常见矿物识别与鉴定;常见三大类岩石识别与鉴定;岩石工程性质及分类等。第二部分为地质构造,其具体学习任务主要有各类地质构造及判别;地质构造对城市轨道交通建设工程的影响;阅读地质图等。第三部分为水文地质基础与工程,其具体学习任务主要有地表水地质作用与工程;地下水地质作用与工程。第四部分为常见不良地质现象,其具体学习任务主要有斜坡不良地质;地震及液化;喀斯特地质;黄土地质等。由于我国地域辽阔,各院校教师可依据本地区域地质情况适当取舍删减或增补。

为了便于学生掌握所学内容,在每章后面均附本章的练习与实践题目。在教学过程中,应结合课堂教学安排有关矿物、岩石的识别与鉴定,地质罗盘使用方法,地质剖面图绘制等室内实训并在课程结束后安排不少于一周的野外地质实习及城市轨道建设现场参观等教学实践环节,以便增加学生的感性认识。

根据编者多年的教学经验,在本书的编写过程中,遵循内容翔实、取材新颖、由浅入深、注重实用、便于自学的原则。为突出职业教育特色,教材理论部分以

"必须、够用"为度,始终把工程地质应用技能训练作为本教材的核心。同时采用了已经出版的有关岩土工程和工程地质新标准和新规范,并吸取了近年来在工程地质研究领域的新进展和新成就。

本书在编写的过程中,曾广泛征求过有关院校同行对编写大纲的意见,同时对教材参考文献及未能署名的图片作者,在此一并衷心致谢。

本书由甘肃交通职业技术学院李志强教授、福建船政交通职业学院盛海洋教授担任主编,甘肃省地质所王得楷教授级高工担任主审。具体编写情况如下:第一章、第二章、第三章由盛海洋教授编写;第四章、第五章、第十一章由李志强教授编写并负责全书统稿;第六章、第七章及附录部分由甘肃交通职业技术学院张富钧老师编写;第八章、第九章、第十章及全书所附课件由甘肃交通职业技术学院李延鑫老师编写制作。

由于编写时间和编者水平所限,书中缺点及不当之处在所难免,敬请读者批评指正。

编　者
2013 年 5 月

目　　录

第一章 地质作用与地质年代

第一节 地壳及地质作用

一、地壳

地球是太阳系行星家族中的一个壮年成员(约50亿年,恒星约100~150亿年),是一个具有圈层结构的旋转椭球体,由表及里可分为外圈和内圈。外圈又分为大气圈、水圈和生物圈。内圈平均半径6371km,根据火山喷发和物理勘探中的地震波传播速度的突变,将其分为地壳、地幔及地核,如图1-1所示。

地壳的厚度很不均匀,各地有很大差异。地壳分为大陆型和大洋型两种类型。大陆型地壳分布在大陆及其边缘地区,其厚度较大,平均厚度为33km,愈向高山区其厚度愈大,如我国青藏高原地区,厚度可达70km以上。大洋型地壳厚度较小,平均厚度只有6km,如大西洋和印度洋厚度为10~15km,而太平洋中央部分厚度为5km,最薄处西太平洋的马里亚纳海沟(深11034m)处地壳厚仅为1.6km。

地壳是由各种化学元素组成的,根据地球化学分析,在地壳中已发现有90多种元素,但各种元素含量差异很大,其中以9种元素为主。在国际上,把各种元素在地壳中的平均含量称为克拉克值(如表1-1所示)。

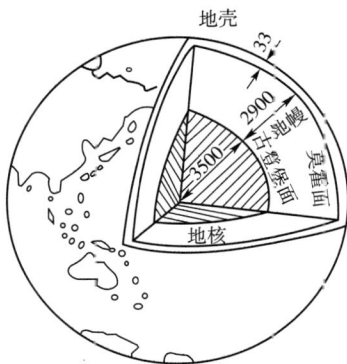

图1-1　地球的内部构造(尺寸单位:km)

地壳主要化学元素平均含量

表1-1

元素	克拉克值(%)	元素	克拉克值(%)	元素	克拉克值(%)	元素	克拉克值(%)
O	46.95	Na	2.78	Si	27.88	K	2.58
Al	8.13	Mg	2.06	Fe	5.17	Ti	0.62
Ca	3.65	H	0.14				

地壳中的化学元素,往往集聚成各种化合物或以单质出现,形成矿物。矿物的自然集合体又形成岩石。因此,矿物和岩石是组成地壳物质的基本单位,它们都是在地壳发展过程中各种地质作用的产物。

二、地质作用

地球的形成和演变,一直处于永恒、不断的运动之中,地壳只是地球在演变中某一时空的外部体现。由自然动力促使地壳物质组成、内部结构和地表形态发生变化的过程,统称为地质作用。由地质作用所引起的现象,称为地质现象。

地质作用按其能源不同,可分为内动力地质作用和外动力地质作用两个基本类型。

1. 内动力地质作用

由地球内部放射性元素蜕变能、地球转动能和重力化学分异能所引起的地质作用,称为内动力地质作用。内动力地质作用,按其表现形式主要有四个方面:地壳运动、岩浆作用、地震作用和变质作用。

1)地壳运动

由内部能源引起地壳结构和面貌发生改变或相对位移的运动,称为地壳运动。按地壳运动的方向,可分为水平运动和升降运动。

水平运动是地壳物质大致沿着地球球面的切线方向发生的相对位移现象。通常表现为地壳的岩层在水平方向上遭受不同程度的挤压力或张拉力,使之形成巨大而强烈的褶皱和断层等构造现象。

升降运动是地壳物质沿着地球半径(法线)方向发生的缓慢升降位移现象,也称铅直运动或垂直运动。通常表现为大规模的构造隆起和凹陷,引起地势高低起伏以及海陆变迁等现象。

上述有关水平运动和升降运动的实例,并不意味着两个方向上的运动是截然分开的。在实际运动中,两者是密切关联的。只是在同一地区和同一时间内以某一方向的运动为主,另一方向的运动不够明显而已,两者在运动过程中也是在相互转化着的。

地壳运动不断地改变着地壳的原始状态,当地壳受到挤压、拉张、扭动等应力时,便形成各种各样的构造形态,如褶皱、断裂等,故有时也称为构造运动。构造运动在内动力地质作用中是诱发地震作用、影响岩浆作用和变质作用的重要条件。

地壳运动改变着地壳面貌及海陆分布的规模、位置,以致影响外动力地质作用的强度和变化。可见,地壳运动在地质作用的总概念中是带有全球性的主导因素。

2)岩浆作用

岩浆,通常是指地下 40~100km 深处、呈高温黏稠状的、富含挥发组分、成分复杂的硅酸盐熔融体。通过对现代火山活动的考察,一般认为岩浆发源于地壳下部或地幔上部(或岩石圈的下部)的软流层中,此处的温度可达 1300℃,上覆岩层的压力可达 14000MPa,其化学成分以硅酸盐为主及部分金属硫化物和氧化物、挥发物质(H_2O、CO_2、H_2S 等气体)。

岩浆在高温高压下常处于相对平衡状态,但当地壳运动使地壳出现破裂带,或其上覆岩层受外力地质作用发生物质转移时,造成局部压力降低,打破了岩浆的平衡环境,岩浆就会向低压方向运动,这种现象称为岩浆活动。岩浆在活动过程中与围岩发生相互作用,不断地改变着自身的化学成分和物理状态,直至冷凝成岩石;同时也导致地壳结构、地表形态发生相应的改变。这种包括岩浆活动和冷凝的整个过程,统称为岩浆作用。

岩浆活动按其表现形式,可分为两种类型:一种是岩浆从地下深处沿各种软弱带上升,如因通道等条件的限制,不能到达地表,只能侵入到地下一定深度冷凝成岩的过程,称为岩浆侵入作用;另一种是岩浆直接冲破上覆岩层或喷射,或涌溢出地面后冷凝成岩的过程,称为岩浆喷出作用,又称火山作用。

3)地震作用

地震是地壳某处发生快速颤动的现象,是地壳运动激化表现的一种特殊形式。引起地壳快速颤动的作用称为地震作用。

通常按地震的成因,将地震分为四类:构造地震、火山地震、陷落地震和人为地震。其中,火山地震、陷落地震、人为地震只是局部现象,规模不很大,而我们通常所指的地震是构造地震。据统计,全世界每年有500万次地震,人们能感觉到的约5万余次,其中能够造成严重灾害的破坏性地震,每年大约有10多次。地震发生时,不仅使地壳内部的岩层构造发生褶皱、断裂、地面隆起和陷落,而且地表还可能出现滑坡、山崩或使河流改道等不良地质现象。

4)变质作用

由于受到构造运动、岩浆活动和化学活动性流体的影响,使地壳深处的岩石的矿物成分、结构构造(有时还有化学成分)在固体状态下发生了不同程度的质变过程,总称为变质作用。在特殊条件下,可发生局部重熔成为流体。

引起变质作用的因素有热力(温度)、压力和化学活动性流体。其中,热力源于深部的地热和岩浆热、地壳运动转换的机械热、放射性元素蜕变热等;压力则包括地壳岩层自身的静压力和地壳运动引起的动压力等;化学活动性流体来源于两方面,一是来自岩浆组分或深层地下高温流体,一是来自地下固态岩石的局部熔融或地幔物质的分异作用等分泌出来的流体。

根据变质因素和地质条件的不同,可把变质作用分为以下四种主要类型:

(1)接触变质作用:是由岩浆活动引起的,发生在侵入体与围岩的接触带,或受到岩浆中分异出来的挥发组分及热液的影响而发生的一种变质作用。

(2)动力变质作用:地壳运动时岩石受定向压力(动压力)的影响,使原来岩石及其组成矿物发生变形、破碎、重结晶。这种变质作用的范围较小,一般呈长带状分布。

(3)区域变质作用:在地壳运动和岩浆活动所引起的大范围内,由于温度、压力和化学活动性流体等因素的综合影响下引起的一种变质作用。

(4)气液变质作用:是由于热的气体及溶液作用于已形成的岩石,使已有的岩石产生矿物成分、化学成分及结构构造的变化,称为气液变质作用。气液变质作用通常沿构造破碎带及矿脉边缘发育。

2. 外动力地质作用

由来自地球外部能源所引起的地质作用。主要是指大气、水和生物在太阳辐射、重力和日月引力影响下产生的动力对地壳表层进行改变的过程,称为外动力地质作用。其具体表现方式有风化、剥蚀、搬运、沉积和成岩作用。

1)风化作用

组成地壳的岩石,由于温度的变化、大气、水溶液和生物的作用,使之在原地发生物理、化

学变化的现象,称为风化作用。按其性质和因素不同可分为三种类型:

(1)物理风化作用:是指岩石只发生机械破坏而不改变其化学成分的风化作用。这种作用使完整的岩石逐渐破碎成块或疏松的碎屑。按其进行的方式又可归纳为以下三种:

①剥离——热胀与冷缩。剥离是指岩石内部受热力作用而产生的机械破碎,也称热力风化。因岩石为热的不良导体,在太阳辐射热的影响下,表层随气温升降产生体积胀缩不一,导致岩石呈层状脱落、剥离现象。又因组成岩石的不同矿物,受热后的膨胀系数不同,而使矿物颗粒之间因胀缩不一,致使彼此裂离成为松散的颗粒。

②冰劈——冻结与融化。在高寒、高纬度地区,因季节性或昼夜的温差变化,使岩层裂隙和孔隙中的水在气温降到0℃时,冻结成冰,其体积增大1/10,对周围岩壁产生的胀压力可达96MPa,使岩石被胀破或使其裂隙扩大,以致产生崩裂。

③晶胀——结晶与潮解。在降水量少、蒸发剧烈的干旱或半干旱地区,渗透到岩土裂隙中的水,往往溶解了一些盐类物质。当白天受烈日烤晒,水分不断被蒸发时,裂隙中的盐分增多。当其溶液中浓度达到饱和时,盐类物质便要结晶,体积增大产生晶面胀压力,使岩土裂隙扩大或胀裂成碎块(如明矾从过饱和溶液中结晶时,体积增大0.5%,晶面胀压力可达4MPa)。夜间气温降低,结晶盐类物质又从大气中吸收水分重新变成盐溶液,即潮解,于是体积缩小,再次吸取含盐类溶液来填充裂隙,使之不断扩大,最终导致岩土胀裂。

(2)化学风化作用:岩石在大气和水溶液的影响下,发生化学反应而使岩石和矿物受到破坏的过程,称为化学风化作用。化学风化区别于物理风化的特点是,使原来岩石的组成矿物发生分解,生成新的矿物。按其进行方式可分为以下几种:

①氧化作用——氧化是化学风化中极为普遍的方式之一,尤其是在水的参与下,显得更为强烈。通常把地壳表层、地下水位之上凡能进行氧化作用的范围,称为氧化带。以黄铁矿的氧化过程为例,其化学方程式为:

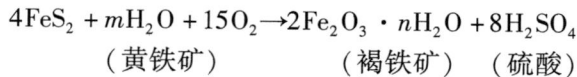

$$4FeS_2 + mH_2O + 15O_2 \rightarrow 2Fe_2O_3 \cdot nH_2O + 8H_2SO_4$$
(黄铁矿)　　　　　(褐铁矿)　(硫酸)

②溶解作用——矿物质与水溶剂发生反应成为溶液的过程,称为溶解作用。矿物质溶解度的大小除决定于本身的特性外,还与温度、压力及水溶液的性质等条件有关,物质的溶解度随温度和压力的不同而不同。自然界没有纯水,当水中含有CO_2或其他酸类时,可增强对物质的溶解能力。以石灰岩为例,其化学方程式为:

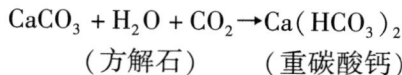

$$CaCO_3 + H_2O + CO_2 \rightarrow Ca(HCO_3)_2$$
(方解石)　　　(重碳酸钙)

溶解作用的结果是使易溶解的物质流失,难于溶解的物质残留原地,使岩石孔隙增加,削弱其坚固性,但有利于物理风化作用的进行。

③水化作用——某些矿物和水反应生成新的含水矿物的过程,称为水化作用。在化学反应中,即是结晶水合物形成的过程。例如,硬石膏的水合作用生成含水结晶石膏,其化学方程式为:

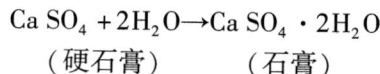

$$CaSO_4 + 2H_2O \rightarrow CaSO_4 \cdot 2H_2O$$
(硬石膏)　　　(石膏)

含水矿物的硬度往往比原来无水时要低,从而使岩石抵抗风化的能力减弱。同时,在水化结晶过程中产生"晶胀"作用,加速岩石的物理风化作用。

④水解作用——某些矿物和水反应后生成带[OH]⁻的新矿的过程,称为水解作用。如在湿热气候条件下,花岗岩中的正长石在水解作用下,经过脱水去硅、吸水,先变成高岭石,再进一步分解为铝矾土,其化学方程式为:

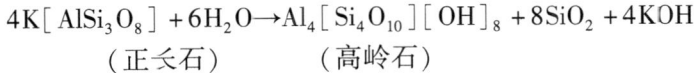

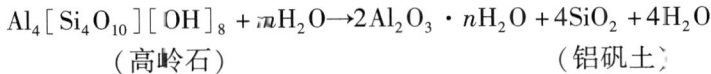

$$4K[AlSi_3O_8] + 6H_2O \rightarrow Al_4[Si_4O_{10}][OH]_8 + 8SiO_2 + 4KOH$$
　　　　(正长石)　　　　　　(高岭石)

$$Al_4[Si_4O_{10}][OH]_8 + nH_2O \rightarrow 2Al_2O_3 \cdot nH_2O + 4SiO_2 + 4H_2O$$
　　(高岭石)　　　　　　　　　　　　　(铝矾土)

⑤碳酸化作用——当水中溶有 CO_2 时,水溶液中除有 H^+ 和 OH^- 外,还有以 CO_3^{2-} 根为主的阴离子,它能使某些矿物产生碳酸盐类的新矿物,故称为碳酸化作用,其化学方程式:

$$4K[AlSi_3O_8] + 4H_2O + 2CO_2 \rightarrow Al_4[Si_4O_{10}][OH]_8 + 8SiO_2 + 2K_2CO_3$$
　　(正长石)　　　　　　　　　　　　(高岭石)

从上式可知,花岗岩中的正长石经碳酸化作用后,K_2CO_3 溶于水而流失;胶体的复硅酸失水变成石英类矿物;坚硬的长石变成了疏松的高岭石,于是花岗岩就被风化分解了。

(3)生物风化作用:地表岩石在生物活动的影响下遭到破坏的过程,称为生物风化作用。生物对岩石的破坏有两种方式:

①生物的机械破坏。植物根部在岩石裂隙中生长,迫使裂隙扩大,引起岩石崩解的过程,称为根劈作用。有人计算:植物根长大时对周围岩石产生的压力可达 1~1.5MPa。动物(如穴居的田鼠、蚂蚁、穿山甲等挖洞掘穴)能使岩石破碎、土粒变细。人类的工程活动也会大大加速对地球壳层的风化过程。

②生物的化学破坏。生物通过新陈代谢及其遗体腐烂后对岩石进行分解的过程,称为生物的化学风化作用。植物和细菌在新陈代谢中常要分泌出有机酸、硝酸(HNO_3)、碳酸(H_2CO_3)、亚硝酸(HNO_2)、氢氧化铵(NH_4OH)等溶液。一方面植物通过它们汲取岩石中的某些成分作为养分;另一方面这些酸类溶液使岩石受到腐蚀,从而改变岩石、矿物的性质、结构和成分。生物死亡后,其遗体逐渐腐烂分解,形成一种暗黑色的胶状物——腐殖质。腐殖质在自然条件下,能使硅酸盐分解而生成腐殖酸盐,易随水流失;腐殖酸还能使难溶的 Fe_2O_3 还原为易溶的 FeO,加速某些矿物的分解。

上述三种风化作用,并不是孤立进行的,而是相互促进、彼此联系的。物理风化使岩石破碎从而增大了岩石与水溶液等的接触面,有利于化学风化;化学风化降低了岩石强度,又促进物理风化的加强。在物理风化和化学风化中又少不了有生物活动的因素。从地域性而言,只是在某种环境下,某种作用显得突出而已,如在炎热、潮湿的气候区以化学风化和生物风化为主;在温湿地区以化学风化为主;在寒冷、干旱地区以物理风化为主。

2)剥蚀作用

通过风力、地面流水、地下水、湖泊、海洋和生物等各种外动力因素,把风化后的松散物从岩石表面搬离原地,并以风化物为工具,参与对岩石、矿物进行风化破坏的过程,统称为剥蚀作用。剥蚀作用在破坏组成地壳物质的同时,也不断地改变着地表的基本形态。按引起剥蚀作用的动能性质不同,可以分为风的吹蚀作用,流水的侵蚀作用,地下水的潜蚀、溶蚀作用,湖、海水的冲蚀作用,冰川的刨蚀作用等。

3) 搬运作用

风化剥蚀的产物,通过风力、流水、冰川、湖水、海水以及生物的动力,被搬离母岩后,随着动能的大小而转移空间的过程,称为搬运作用。搬运与剥蚀往往是在同一种动力下进行的。例如风和流水在剥蚀着岩石的同时,又将剥蚀后的岩屑搬走。按搬运动力的因素不同,可以分为:风的搬运作用、流水的搬运作用和冰川搬运作用等,其中以流水为主要搬运力。通常把流水的搬运方式分为:拖(推)运、浮运和溶运。

4) 沉积作用

被搬运的物质经过一定距离之后,由于搬运动能的减弱,或搬运介质的理化条件的改变,或受生物活动的影响,便从搬运介质中分离出来,在新的环境中堆积起来的过程,称为沉积作用。按其沉积方式可以分为:机械沉积、化学沉积和生物沉积。按其沉积环境又可分为:风的沉积、河流沉积、冰川沉积、洞穴沉积、湖泊沉积和海洋沉积等。

5) 成岩作用

使松散堆积物固结为岩石的过程,称为成岩作用。在固结过程中,要经历物理的压实作用和化学的胶结作用。当沉积物达到一定厚度时,上覆沉积物的静压力使矿物颗粒互相靠紧,发生脱水,孔隙减小,体积压缩,密度增大,再通过孔隙中水溶胶结物质的化学沉淀,将松散碎屑物胶结、凝聚起来;同时,随着沉积物的埋深而升温、加压,使其中细粒矿物发生化学反应进行结晶而固化成岩。可见,此时地球的内能对成岩作用有着很大的意义。

成岩作用是外动力地质作用的终极环节。如果升温、加压继续到某种程度时(大致在厚度为 10000m 沉积岩的下部,地热可达 300℃,其上覆静压力可达 300MPa),就要发生变质作用。成岩作用和变质作用的区分虽然不是那么严格,但这确实反映了渐变与突变、量变与质变的客观法则。即是说,成岩作用完成之后,如果不断增加温度和压力,就会转化为变质作用。因此,可以认为外动力地质作用到此时将以某种形式转化为内动力地质作用。

3. 内、外动力地质作用之间的相互关系

从上述外动力地质作用的终极环节——成岩作用,已不难看出它与内动力地质作用的关系。内、外动力地质作用之间既互相排斥和互相联系,又互相对立和互相依存,这种对立统一的矛盾的运动,推动着整个地质作用的运行,也推动着地壳的演变和发展。

内动力地质作用不仅使地壳内部结构、构造复杂化,还造成了地壳表面巨大起伏不平面(陆地和海洋)。而外动力地质作用则力图削高填低,夷平内动力地质作用所造成的起伏面,并使之复杂化。各种地质作用,既有破坏性,又有建设性。在破坏中进行新的建造,在建造中又同时受到破坏,两者紧密联系。例如,河流的上游区,流水切割陆地,使之崎岖不平,而下游区被带来的泥沙所填积,建造着新的陆地。

综上所述,地质作用是在漫长地质年代里使地壳发生不断演变的强大动力因素,研究各种地质作用的运动规律并在充分掌握地质资料的前提下,解决城市轨道交通工程的规划、设计、施工、养护等具体地质问题,是学习本课程的主要任务。

第二节　地　质　年　代

随着地质历史的发展,地层记录着过去的自然地理环境、古生物、地壳运动的变化。因此,研究地壳历史,首先要研究地层。地层就是地壳在发展过程中,经历各种地质作用形成的各种成层的和非成层的岩石的总称,包括层状沉积岩、变质岩、岩浆岩。一个地层是包括一种或几种岩石的一套岩层,同一套岩层在岩性、化石等方面具有一致的特性。地层不同于岩层,岩层一般泛指各种成层岩石,不具有时代观念,而地层有老有新,具有时间概念。地质年代就是地质科学中用来说明地壳中各种岩层形成时间和顺序的一种术语。即地球历史的纪年和标定地球历史事件的时间顺序,亦即地球历史阶段,又称地质年代。它包括两方面的含义:一是指地质事件发生距今的实际年数,称为绝对地质年代;二是指地质事件发生的先后顺序,称为相对地质年代。地壳发展演变的历史叫做地质历史,简称地史。

查明地质事件发生(或地质体形成)的时代和先后顺序是十分重要的,前者称为绝对地质年代,后者称为相对地质年代。

要了解一个地区的地质构造、地层的相互关系,以及阅读地质资料和地质图件时,必须具备地质年代的知识。

一、地层年代的确定方法

1. 地层绝对地质年代的确定

绝对地质年代则是指地层形成和地质事件发生的距今年龄。绝对地质年代是利用岩石中所含放射性元素的蜕变规律来测定的。在地质历史时期中,岩石形成时包含的放射性元素,不管环境条件如何变化,均以稳定的速率蜕变,蜕变速率用半衰期表示,所谓半衰期是指放射性元素的原子蜕变一半所需要的时间。

每种放射性同位素都有一定的衰变常数(λ),即每年每克母同位素能产生的子元素的克数,如果能测得岩石或矿物中母同位素(N_0)及其子元素(N_t)的量,利用式(1-1)即可求得该岩石或矿物的同位素年龄(t)。

$$t = \frac{1}{\lambda} \cdot 2.3 \lg \left(1 + \frac{N_0 - N_t}{N_t} \right)]$$ (1-1)

式中:t——岩层的绝对年龄;

λ——放射性物质的衰变常数(单位时间内发生衰变的原子数量);

N_0——测得岩石或矿物中母同位素的原始数量;

N_t——反射性物质经过 t 年后,未衰变的子元素原子数量。

测年方法中常用放射性同位素有:铀(U^{238})、铷(Rb^{87})、钾(K^{40})、碳(C^{14})等(表1-2)。以铀铅法为例,岩石中的放射性元素铀,在自然条件下按一定速度衰变,最后形成铅和氦两种终结元素。若用专门的仪器测定出岩石放射性元素和终结元素的含量,可按式(1-1)计算岩石的绝对年龄。

常用放射性同位素及其衰变常数   表1-2

母同位素	子同位素	半衰期($10^9 a$)	衰变常数($10^{-10} a^{-1}$)
铀(U^{238})	铅(Pb^{206})	4.4680	0.15513
铀(U^{235})	铅(Pb^{207})	0.7038	0.98485
钍(Th^{282})	铅(Pb^{208})	14.01	0.049745

母同位素	子同位素	半衰期(10^9a)	衰变常数($10^{-10}a^{-1}$)
钾(K^{40})	氩(Ar^{40})	1.2505	0.4962
铷(Rb^{87})	锶(Sr^{87})	48.8	0.0142

利用放射性同位素所获得的地球上最大的岩石年龄为 45 亿年,陨石年龄在 46~47 亿年之间,因此,地球的年龄应在 45 亿年以上。

2. 地层相对年龄

地层相对年龄是指地层生成的先后次序,即:哪些地层是先生成的,是老的;哪些地层是后生成的,是新的;而不包含以年代表示的时间概念。要确定不同地区有关地层的时代关系,则要进行地层划分与对比。地层相对年代的确定、地层划分及对比主要依据地层的沉积顺序、生物演化和地质体之间的相互关系,即所谓的地层层序律、生物演化律和地质体之间的切割律。

1)地层的沉积顺序

确定地层的沉积顺序常遵循如下三条定律:

(1)地层层序律。即在地层形成过程中,先沉积的一定位于下部,后沉积的一定位于上部。

(2)原始连续性定律。即在沉积过程中,如果没有干扰因素或不发生什么地质事件,则原始的沉积地层一定是连续的。

(3)原始水平性定律。即在原始条件下形成的沉积地层一定是水平的。

在一个地区内,如果未经强烈的构造变动,就不会发生地层倒转,地层的顺序总是上新下老,这种正常的地层叠置关系,称为地层层序律,即叠覆律,根据地层层序律人们便可将地层的先后顺序确定下来。复杂情况下,按沉积韵律(颗粒下粗上细)确定地层相对年代。

2)化石层序律

地层的沉积顺序和接触关系只能确定同一地区相互叠置在一起的地层的新老关系,若要对比不同地区的地层之间的新老关系,或进行跨区域的地层对比,就必须利用保存在地层中的古生物化石来确定(图1-2)。化石层序律即利用地层中所含化石来确定地层的年代。

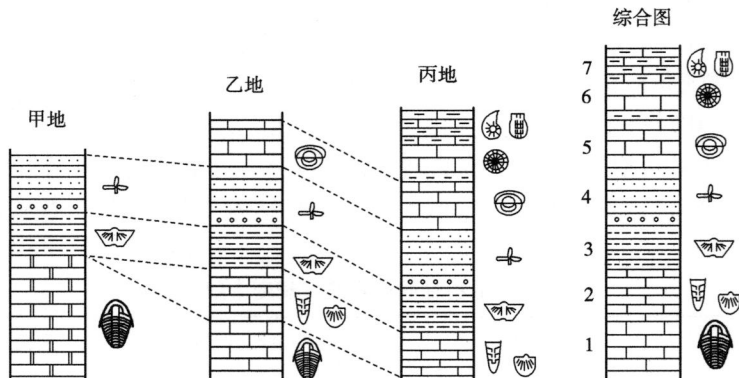

图1-2 利用化石跨地区对比地层

在地史中,生物演化的总趋势是从简单到复杂,从低级到高级,以往出现过的生物类型,在以后的演化过程中决不会重复出现,即生物演化具有明显的阶段性、是不可逆的。

因此,不同时代的地层中具有不同的古生物化石组合,相同时代的地层中具有相同或相似的古生物化石组合,古生物化石组合的形态、结构越简单,地层的时代就越老,反之古生物化石组合的形态、结构越复杂,地层的时代就越新。这一规律称为化石层序律或生物群层序律。

利用化石层序律,不仅可以确定地层的先后顺序,而且还可以确定地层形成的大致时代。但是在研究工作中,主要是选择那些在地质历史中存在时间较短、演化较快、分布范围较广的化石(标准化石)进行跨区域的地层对比,以确定不同地区地层的相对地质年代。如南京蜓(Nankinella)为我国南方二叠纪的标准化石,在南方若发现某一地层中有南京蜓化石,则可确定该地层属于二叠系。目前,我国已经出版了有各个地质年代地层标准化石的手册,对确定地层年代十分方便。

3) 标准地层对比法

即将未知地质时代的地层岩性与已知地质时代的标准地层的岩性特征进行对比,用来确定未知地层时代。在一定区域内,同一时期形成的岩层,其岩性特点通常应是一致的或近似的。因此,可以岩石的组成、结构、构造等岩性特点,作为岩层对比的基础。一般是利用已知相对年代的、具有某种特殊性质和特征的、易为人们辨认的"标志层"来进行对比。例如,如我国江苏省南部的宁镇山脉一带,泥盆系中广泛分布着厚层浅色石英砂岩,在此地区内确定地层年代时,凡是石英砂岩均可定为泥盆系中。华北和东北的南部,奥陶纪中期,普遍沉积的是质纯的石灰岩和白云质灰岩,这在很多地方都发现了化石。广西、湖南一带的泥盆纪早期地层为紫红色的砂岩等都可以作为"标志层"。标准地层对比法,一般用于地质年代较老而又无化石的"哑地层"。对含有化石的地层,可与古生物法结合运用,相互印证。

在进行对比时,既要对比本层的岩性特征,又要对比与之相邻的上下岩层组合的岩性特征,则结果更加可靠。

4) 地层的接触关系

地层的接触关系,是指层状堆积、上下叠置的岩层彼此之间的衔接状态。沉积岩层之间的接触关系,一般可分为整合接触、不整合接触。

(1) 整合接触。当地壳处于相对稳定下降之中时,即可形成连续沉积的岩层,老岩层沉积在下面,新岩层依次沉积在上面,这种接触关系称整合接触。其特点是岩层面相互平行,时代连续,岩性和古生物特征属递变过程。这种接触关系说明,在一定时间内沉积地区地壳的运动方向、没有显著改变。

(2) 不整合接触。若沉积作用不连续,地层和生物演化有间断,并形成明显的剥蚀面(不整合面),新、老地层之间的这种接触关系,称为不整合接触。根据不整合面上、下地层的产状及其所反映的地壳运动特征,不整合接触又可分为平行不整合接触和角度不整合接触。

① 平行不整合接触,又称假整合接触,其特点是不整合面上、下两套岩层的产状彼此平行,但两套岩层之间的沉积作用是不连续的,有较长时间的间断。两岩层的岩性和所含化石也有显著不同,在不整合面上往往保存着古风化剥蚀面的痕迹,如图1-3。

如我国华北和东北南部广大地区的中石炭统本溪组直接覆盖在中奥陶统马家沟组的石灰岩侵蚀面之上,其间缺失了自上奥陶统到下石炭统的一系列地层,而上、下地层的产状是基本平行的,这是一个典型的平行不整合接触(图1-4、图1-5)。

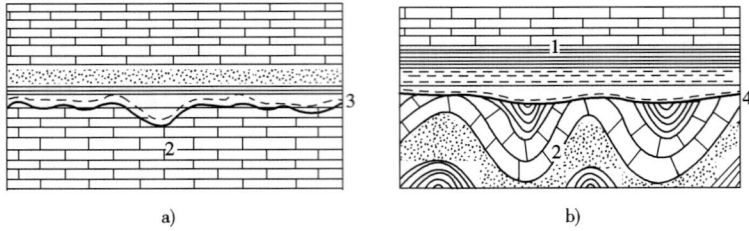

图 1-3　地层假整合和不整合

a)假整合；b)不整合

1-上覆地层；2-下伏地层；3-假整合面；4-不整合面

②角度不整合接触。特点是不整合面上、下两套岩层成角度相交，上覆岩层覆盖于倾斜岩层风化剥蚀面之上或者褶皱岩层剥蚀面之上，两套岩层时代不连续；岩性和所含化石有突变；不整合面上往往保存着古风化剥蚀面，如图1-6。

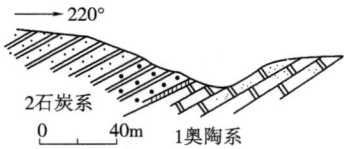

图 1-4　北京周口店太平山南坡奥陶系与石炭系接触关系

5)地质体之间的切割律

构造运动和岩浆活动的结果，使不同时代的岩层与岩层之间、岩层与岩体之间、岩体与岩体之间出现彼此切割(交切)关系，利用这些关系也可确定这些地层形成的先后顺序和地质年代。如此种种的切割(交切)关系主要包括岩体与岩层之间的沉积接触关系和侵入接触关系；岩层与岩层之间的不整合关系；岩体之间的切割关系。

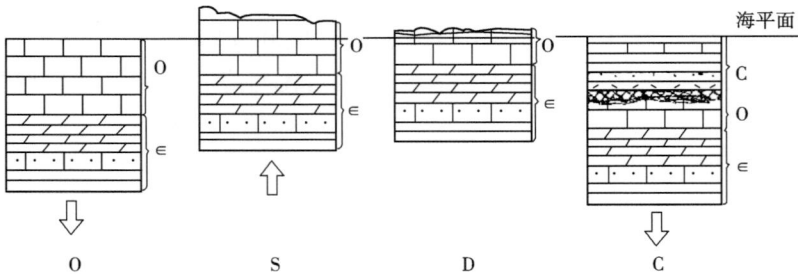

图 1-5　平行不整合的形成过程示意图

O-接受沉积；S-平稳上升；D-遭受风化、剥蚀；C-下沉、接受沉积

图 1-6　角度不整合的形成过程示意图

T-接受沉积；J-隆起、褶皱；K-遭受风化、剥蚀，形成剥蚀面；E-下沉、接受沉积

如岩浆侵入沉积岩层之中，并使围岩发生变质，则该岩浆岩侵入体的形成年代晚于发生变质的沉积岩层的地质年代。如岩浆岩侵入体形成之后，经过长期隆起被风化剥蚀，后来在侵蚀面之上又有新的沉积，且侵蚀面之上的沉积岩层无变质现象，则该岩浆岩侵入体的形成年代早

于其上覆沉积岩层的地质年代。如岩浆岩侵入体相互穿插、切割,则被穿插、切割的岩体的形成时代老,穿插、切割者的形成时代新(图1-7)。

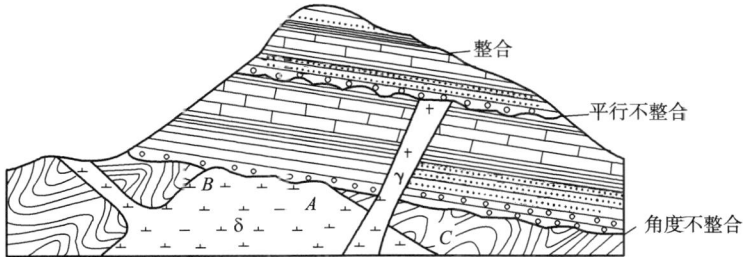

图1-7 地层接触关系示意图

AB-沉积接触面;AC-侵入接触面;δ-侵入岩体;γ-岩脉

二、地层与地质年代表

研究地质历史,首先是研究地层。经过地质工作者一百多年来的研究,对世界典型地区的地层的岩性和标准化石进行了综合对比,根据地层中反映出来的地壳运动、生物演化特点划分为大小不等的地层单位,每个地层单位有相应的地质年代单位。按照国际性通用的地层单位由大到小划分四个级别,分别是宇、界、系和统,与之相应的地质年代单位是宙、代、纪和世四个级别。全国性或大区域性地层单位还可分出阶,其相应的地质年代为期。地方性地层单位可以分为群、组和段。同时通过对地层同位素测定,确定出各个地质年代的绝对年龄。它们的相应关系见表1-3。

地层单位和相应的地质时代单位　　　　　　　　　　　表1-3

实用范围	地层单位	地质时代单位
国际性	宇	宙
	界	代
	系	纪
	统	世
全国性或大区域性	阶	期
地方性	群	时期(时代)
	组	
	段	

19世纪以来,人们根据生物地层学的方法,逐步进行了地层的划分和对比工作,并按时代早晚顺序进行编年、列表。1881年在意大利召开的第二届国际地质学大会上曾经通过了一个定性的地质年代表。在该表中依据生物界的发展演化阶段,将地质历史划分为四个代,即太古代(最古老的生命)、古生代(古老的生命)、中生代(中等年龄的生命)、新生代(新生命的开始)。由于在古老岩层中缺少或少有生物化石,当时对于这样的地层和地质年代的划分遇到很大困难。直到20世纪初,有了同位素年龄资料后,这个问题才得以解决。经过几次国际地质年代会议审定,形成了综合地质年代表(表1-4)。

地 质 年 代 表   表 1-4

宙(宇)	代(界)	纪(系)	世(统)	距今年代（百万年）	主要地壳运动	主 要 现 象
显生宙(宇)	新生代(界 K_Z)	第四纪(系 Q)	全新世(统 Q_4) 更新世晚(统 Q_3) 更新世中(统 Q_2) 更新世早(统 Q_1)	2～3	喜马拉雅运动	冰川广布,黄土形成,地壳发育成现代形势,人类出现,发展
		新近纪(系 N)	上新世(统 N_2) 中新世(统 N_1)	3～25		地壳初具现代轮廓,哺乳类动物、鸟类急速发展,并开始分化
		古近纪(系 E)	渐新世(统 E_3) 始新世(统 E_2) 古新世(统 E_1)	25～65		
	中生代(界 M_Z)	白垩纪(系 K)	晚白垩世(统 K_3) 早白垩世(统 K_1)	65～135	燕山运动	地壳运动强烈,岩浆活动
		侏罗纪(系 J)	晚侏罗世(统 J_3) 中侏罗世(统 J_2) 早侏罗世(统 J_1)	135～195		除西藏等地区外,中国广大地区已上升为陆,恐龙极盛,出现鸟类
		三叠纪(系 T)	晚三叠世(统 T_3) 中三叠世(统 T_2) 早三叠世(统 T_1)	195～230	印支运动	华北为陆,华南为浅海,恐龙哺乳类动物发育
	古生代(界 P_Z)	二叠纪(系 P)	晚二叠世(统 P_2) 早二叠世(统 P_1)	230～285	(海西)华力西运动	华北至此为陆,华南浅海。冰川广布,地壳运动强烈,间有火山爆发
		石炭纪(系 C)	晚石炭世(统 C_3) 中石炭世(统 C_2) 早石炭世(统 C_1)	285～350		华北时陆时海,华南浅海,陆生植物繁盛,两栖类动物发育,鱼类极盛
		泥盆纪(系 D)	晚泥盆世(统 D_3) 中泥盆世(统 D_2) 早泥盆世(统 D_1)	350～400		华北为陆,华南浅海,火山活动,陆生植物发育,两栖类动物发育,鱼类极盛
		志留纪(系 S)	晚志留世(统 S_3) 中志留世(统 S_2) 早志留世(统 S_1)	400～440	加里东运动	华北为陆,华南浅海,局部地区火山爆发,珊瑚、笔石发育
		奥陶纪(系 O)	晚奥陶世(统 O_3) 中奥陶世(统 O_2) 早奥陶世(统 O_1)	440～500		海水广布,三叶虫、腕足类、笔石极盛

续上表

宙(字)	代(界)	纪(系)	世(统)	距今年代(百万年)	主要地壳运动	主 要 现 象
显生宙(字)	古生代(界Pz)	寒武纪(系∈)	晚寒武世(统∈₃) 中寒武世(统∈₂) 早寒武世(统∈₁)	500~600	加里东运动	浅海广布,生物开始大量发展,三叶虫极盛
隐生宙(字)	元古代(界Pt)	震旦纪(系Z)	晚震旦世(统Z₂) 早震旦世(统Z₁)	700	晋宁运动	浅海与陆地相间出露,有沉积岩形成,藻类繁盛
		青白口纪 Z_Q		1000		
		蓟县纪 Z_J		1400		
		长城纪 Z_C		1700	吕梁运动	
				2050	五台运动	
	太古代(界Ar)			4000	鞍山运动	海水广布,构造运动及岩浆活动强烈,开始出现原始生命现象

在地质年代表中,很多名字看起来稀奇古怪,究其来历有的是标准地点的地名(如寒武、泥盆、侏罗),有的是曾经居住在那里的古代民族的名称(奥陶、志留),有的却是反映某一时代的地层本身具有的显著特征(石炭、二叠、三叠、白垩)。

例如,震旦纪是根据古代印度人称中国为震旦而命名的,而奥陶是曾经居住在威尔士的另一个古代部族的名称。泥盆是 Devon 的音译,即英国西南部的一个郡名。石炭是因为这一地层普遍含有煤层。二叠标准剖面地点在前苏联乌拉尔山西坡的彼尔姆州,在国际上也叫彼尔姆系,而在我国和少数国家称作二叠系,这是因为德国的这一地层明显分成红色砂岩与镁灰岩上下两层,而德文 dyad 音译二叠,即二分的意思。中生代的三叠标准剖面地点在德国,是因地层可分做上中下三个部分而得名的。侏罗名称来自法国、瑞士间的侏罗山。白垩是因欧洲这一时期的地层主要是由白垩沉积而得名的。新生代,顾名思义是新生命的时代。地球的演变简史如下:

(1)太古代:距今25亿年,海洋面积大,没有宽广的大陆;岩浆活动和火山喷发剧烈;海水中初步形成原始的生命体;铁矿形成重要时代。

(2)元古代(原始生物的时代):距今(25~6)亿年,海水里已有藻类、海绵等低等的多细胞生物出现。

(3)古生代:距今(6~2.5)亿年,海生无脊椎动物空前繁盛的时代,如三叶虫、珊瑚等,亚欧、北美和我国华北抬升为陆地;中期时出现了脊椎动物——鱼类;后期时鱼类演化成两栖类,动物从海洋向陆地发展,北半球气候炎热、潮湿,蕨类植物茂盛;为重要造煤时期。

(4)中生代:距今(2.5~0.7)亿年,我国大陆轮廓已基本形成;环太平洋地带地壳运动激烈,形成高大山系,带来丰富金属矿;爬行动物大发展,如恐龙等;空中出现了始祖鸟;裸子植物大发展;为重要的造煤时期。

(5)新生代:距今0.7亿年,古近纪时发生了规模巨大的造山运动——喜马拉雅运动,哺乳动物和被子植物大发展,出现灵长类;第四纪冰期距今(2~3)百万年,气候变冷,陆地上冰川覆盖面积大,海面下降100多米,出现了人类。

复习与实践

1. 简述地球的外部圈层结构和内部圈层结构。
2. 什么是克拉克值? 元素在地壳中的分布规律是怎样的?
3. 地质作用的概念及其含义?
4. 内动力地质作用与外动力地质作用的概念及其主要类型?
5. 试述内动力地质作用和外动力地质作用相互关系。
6. 简述地质年代确定方法。相对地质年代的确定方法有哪些?
7. 简述绝对地质年代的确定方法。
8. 年代地层单位有哪些? 与地质年代单位有怎样的关系?
9. 地质时代和地层年代如何划分?
10. 简述地质年代表。
11. 地质年代表的记忆与背诵。

第二章 矿 物

第一节 矿物基础知识

一、矿物的基本概念

矿物是地壳中的化学元素在自然作用下所形成的单质或化合物,它们具有比较固定的化学组成以及一定的化学性质和物理性质。

自然界中只有少数矿物是以自然元素形式出现的,如硫磺(S)、金刚石(C)、自然金(Au)(图2-1)等。而绝大多数矿物是由两种或两种以上元素组成的化合物,如石英(SiO_2)、方解石($CaCO_3$)、石膏($CaSO_4 \cdot 2H_2O$)等。矿物除少数呈液态(如水银、石油、水)和气态(如 CO_2、H_2S、天然气等)外,绝大多数都呈固态,如石英、正长石、斜长石、云母、滑石、橄榄石、雌黄、雄黄、辰沙、刚玉等(图2-2)。

固体矿物按其内部构造不同,可分为晶体和非晶体两种。晶体的内部质点(原子、离子、分子)有规律的排列,往往具有规则的几何外形(如岩盐)见图2-3。

但是矿物在岩石中受到许多条件和因素的控制,晶体常呈不规则几何形状。非晶体的内部质点的排列则是杂乱无章没有规律的,因此不具有规则的几何外形,如玛瑙、蛋白石、玉髓($SiO_2 \cdot nH_2O$)(图2-4)、褐铁矿($Fe_2O_3 \cdot nH_2O$)等。非晶体常形成玻璃质体和胶质体。地壳中的矿物绝大部分是晶体。

图2-1 单质矿物自然金

二、矿物的分类

自然界的矿物按其成因可分为以下三大类型:

(1)原生矿物,也称内生矿物。在成岩或成矿时期内,从岩浆熔融体中经冷凝结晶过程中所形成的矿物,如石英、长石、橄榄石、普通辉石(图2-5)、普通角闪石等。

a)   b)   c)

图 2-2　固态矿物

a)石英;b)正长石;c)黑云母

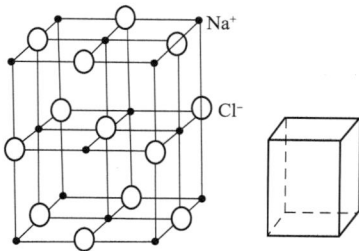

图 2-3　岩盐的内部构造及晶体

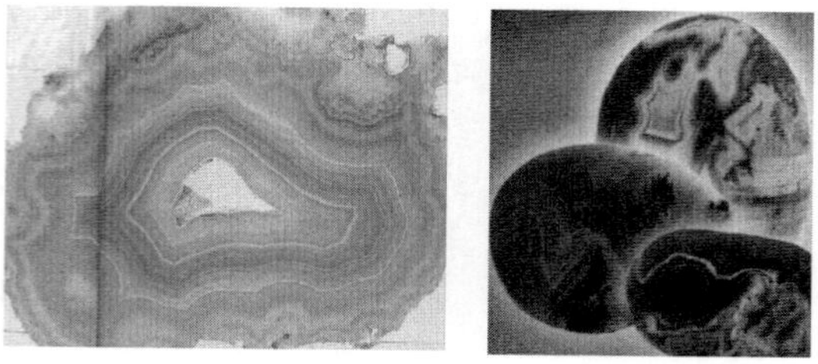

图 2-4　雨花石(以玛瑙、玉髓、蛋白石为主)

图 2-5　普通辉石

(2)次生矿物,也称外生矿物。是在地表各种外力作用下形成的矿物,如高岭石、方解石、白云石等。

(3)变质矿物。指在变质作用过程中形成的矿物,如蓝晶石、十字石、红柱石、石榴子石、蛇纹石等。

自然界中有 6 种矿物或矿物族是最为常见的。这 6 种矿物或矿物族组成了我们赖以生存的地球表面的95%的固体物质。它们的含量决定了岩石的名称及其主要性质(表2-1)。

地壳中主要造岩矿物的含量　　表2-1

矿物及矿物族	含量(%)	所含主要元素
长石族	60	Na,K,Ca,Al,Si,O
石英	13	Si,O
辉石族	12	Mg,Fe,Ca,Na,Al,Ti,Mn,Si,O
闪石族	5	
云母族	4	K,Mg,Fe,Al,Si,O
橄榄石	1	Mg,Fe,Si,O

一般情况可以根据矿物的定名大概知道它是属于那一类矿物(表2-2)。

矿物定名的一般规律　　表2-2

矿物类型	定名	举例
玻璃样光泽的矿物	定名为某某石	如金刚石、方解石、萤石
具有金属光泽或能从中提炼出金属的矿物	定名为某某矿	如黄铁矿、方铅矿

续上表

矿物类型	定 名	举 例
玉石类矿物	定名为某某玉	如刚玉、硬玉、黄玉
硫酸盐矿物	定名为某某矾	如胆矾、铅矾
地表上松散的矿物	定名为某某华	如砷华、钨华

第二节 矿物形态及主要物理性质

一、矿物的形态

矿物的形态（或形状），是指矿物的单个晶体外形或集合体的状态。每种矿物一般都具有一定的形态，因而矿物的形态可以帮助识别矿物（图2-6）。

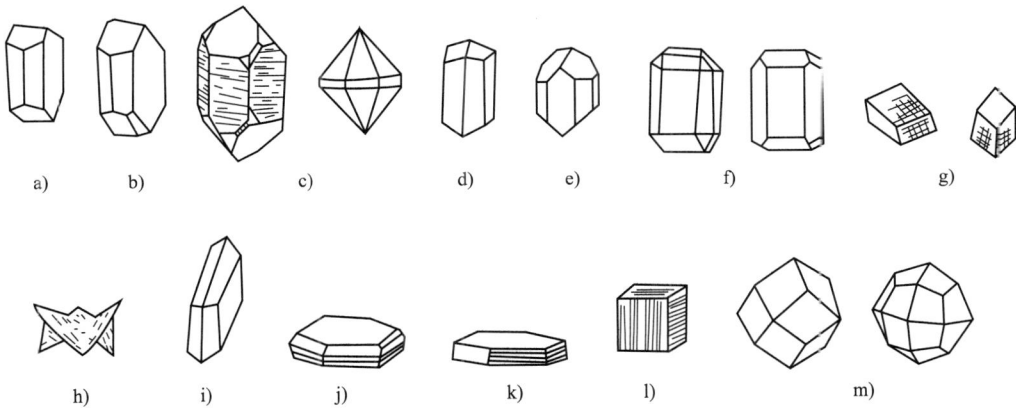

图 2-6 常见矿物晶体的形态

a)正长石；b)斜长石；c)石英；d)角闪石；e)辉石；f)橄榄石；g)方解石；h)白云石；i)石膏；j)绿泥石；k)云母；l)黄铁矿；m)石榴子石

1. 矿物单体的形态

矿物单晶体，有的沿一个方向延伸，长成柱状（如角闪石）、针状、纤维状等；有的沿两个方向延展，长成板状（如石膏）、片状（如云母）等；有的沿三个方向大致相等发育，呈等轴状（如方解石）或粒状（如白云石）。

2. 矿物集合体的形态

天然产生的结晶，除一部分呈单体结晶、双晶、平行连生晶及变形晶等状态外，大多数的自然结晶都是成不规则的连生状态和群簇状态存在；并互相连接成各种错综复杂的集合体。集合体形态主要取决于矿物的单体形态、特征和它们之间的排列方式。

矿物单体如为一向延伸，其集合体常为纤维状（如纤维石膏）、柱状、针状或毛发状。单体如为两向延展，其集合体常为片状、板状或鳞片状。单体如为三向等长，其集合体常为粒状（肉眼能分辨矿物颗粒时）或块状（肉眼不能分辨矿物颗粒时）。块状集合体中坚实者称为致密块状（如石英），疏松者称为土状（如高岭土）。此外，还有些特殊形态的集合体。

（1）放射状。由长柱状或针状矿物以一点为中心向外呈放射状排列而成，形似菊花。

（2）晶簇。在岩石的空洞或裂隙中，丛生于同一基底，另一端朝向自由空间发育而具完好晶形的簇状单晶体群（图2-7）。

（3）鲕状和豆状。矿物由许多小圆球组成，圆球内部有同心圆构造，颗粒大小如鱼子者称为鲕状（如赤铁矿）；大小如豆者称为豆状。

（4）钟乳状。形似冬季屋檐下凝结之冰锥，横切面呈圆形，内部具有同心层状构造，有时还兼有放射状构造（如方解石）。

（5）葡萄状、肾状和结核状。形似葡萄者称为葡萄状，形如肾者称为肾状。其内部均具有同心层状及放射状构造。不规则的球形或椭球形者称为结核状，其内部有时有同心层状或放射状构造。

图2-7 方解石晶簇

二、矿物的光学性质

矿物的光学性质是指矿物对自然光所表现出来的反射、折射和吸收等各种性质。

1. 颜色和条痕

颜色是矿物最直观的性质之一，矿物的颜色指矿物对可见光中不同光波选择吸收和反射后映入人眼的现象，根据成色原因可分为如下几种：

（1）自色。自色是指由于矿物本身的化学成分中含有带色的元素而呈现的颜色，即矿物本身所固有的颜色。例如赤铁矿多呈红色，黄铁矿多呈黄铜色，黄铜矿的深黄铜色，孔雀石的翠绿色等，是鉴定矿物的重要特征。

（2）他色。由非矿物本身固有的组分所引起的不很固定的颜色。如纯净的石英为无色，含有杂质或致色元素时，可呈现出不同的颜色，如黄水晶、烟水晶、紫水晶等，一般无鉴定意义。

（3）假色。由于光的干涉、衍射等物理光学过程所引起的颜色。如斑铜矿氧化表面上呈现蓝紫斑驳的颜色，称为锖色；白云母、冰洲石等无色透明矿物晶体内部，沿裂隙面、解理面所呈现的相似于虹霓般的彩色，称为晕色；欧泊、拉长石等矿物中不均匀分布的蓝、绿、红、黄等，随观察角度而闪烁变幻或徐徐变化的彩色，称之为变彩。

（4）条痕。是指矿物粉末的颜色。通常以矿物在白色无釉瓷板上擦划时留下的粉末痕迹而得出。条痕颜色较矿物块体的颜色固定，它对于不透明的金属矿物和色彩鲜明的透明矿物具有重要鉴定意义。如赤铁矿因形态的不同可分别呈铁黑、钢灰、褐红等色，但它的条痕均为樱红色；黄铁矿呈浅黄铜色，而条痕呈绿黑色。

2. 光泽

光泽是指矿物新鲜表面对可见光的反射能力。根据其反光强弱与特征分为（表2-3）：

光　泽　　　　　　　　　　　　　　　　　　　　　　　　表2-3

光　泽	描　述	举　例
金属光泽	如一般的金属磨光面那样的光泽	黄铁矿、方铅矿
半金属光泽	如同一般未经磨光的金属表面的那种光泽	如磁铁矿的光泽

光 泽		描 述	举 例
非金属光泽	金刚光泽	像钻石金刚石所呈现的光泽	金刚石、闪锌矿
	玻璃光泽	像普通平板玻璃所呈现的光泽	如石英、方解石
	油脂光泽	如同油脂面上见到的那种光泽	石英断口为油脂
	珍珠光泽	在解理面上看到那种像贝壳凹面上呈现的柔和而多彩的光泽	如白云母、滑石等
	丝绢光泽	具有像蚕丝或丝织品那样的光泽	如石棉、纤维石膏等

(1)金属光泽。反射强,像金属磨光面那样反光,如金、银、铜、辉锑矿、黄铁矿等。

(2)半金属光泽。反射较强,像未磨光的金属表面那样反光,如褐铁矿、黑钨矿、赤铁矿、磁铁矿等。

金属光泽和半金属光泽系不透明矿物的重要鉴定特征。

(3)非金属光泽。为透明矿物所具有的光泽,按其反光强弱与特征包括:

①金刚光泽。反射较强,反射光灿烂耀眼,如金刚石、闪锌矿。

②玻璃光泽。反射较弱,像玻璃反光那样,如水晶、橄榄石、电气石、石膏。

③油脂光泽和树脂光泽。前者指表面像涂了层油脂的反光,见于颜色很浅的矿物(如滑石、石英断口上所呈现的如同油脂的光泽);后者似树脂表面的反光,为颜色稍深,尤其呈黄棕色的矿物所有(如琥珀、角闪石)。这两种光泽都出现在透明矿物的断面上,是由于反射面不光滑,部分光发生漫反射所致。

④珍珠光泽。珍珠光泽是指如同蚌壳内表面珍珠层上所呈现的光泽,具极完全片状解理的浅色透明矿物(如云母、滑石等)常具有这种光泽。

⑤丝绢光泽。丝绢光泽是一种较暗的非金属光泽。纤维石膏及石棉等表面的光泽是最为典型的丝绢光泽。

⑥蜡状光泽。似蜡烛表面的反光,较油脂光泽暗淡一些,如块状叶蜡石、蛇纹石。

⑦土状光泽。光泽暗淡或无光泽,似土块那样,如高岭石等。

3.透明度

透明度是指矿物允许可见光透过的程度。常以1cm厚的矿物块体为基础观察可见光透过情形。能允许绝大部分光透过,即隔着约1cm厚的矿物块体可清晰看到矿物后面物体轮廓的细节,称之为透明(如水晶、冰洲石)。基本上不容许光透过,即隔着约1cm厚的矿物块体观察时,完全见不到矿物后面的物体,称之为不透明(如磁铁矿)。透明和不透明之间可有过渡类型(如石膏)。

矿物的颜色、条痕、光泽、透明度之间的关系见表2-4。

矿物光学性质间的关系   表2-4

颜色	无色或白色	浅(彩)色	深色	金属色
条痕	无色或白色	无色或浅色	浅色或彩色	深色或金属色
光泽	玻璃—金刚光泽		半金属光泽	金属光泽
透明度	透明的	半透明的	不透明的	

三、矿物的力学性质

矿物的力学性质是指矿物在外力(敲打、刻划、拉、压等)作用下,所表现出来的各种性质。包括硬度、解理、断口、韧度等。

1.硬度

矿物抵抗刻划、压入和研磨的能力为硬度。硬度是矿物物理性质中比较固定的性质。硬度的度量标准是摩氏硬度计。矿物的硬度等级见表2-5。

摩 氏 硬 度 计   表2-5

相对硬度等级	1	2	3	4	5	6	7	8	9	10
标准矿物	滑石	石膏	方解石	萤石	磷灰石	长石	石英	黄玉	刚玉	金刚石

注:为记忆这10种矿物,可用顺口溜方法,即只记矿物的第一个汉字:"滑石方萤磷;长石黄刚金"或"滑石方、萤石长、石英黄玉、刚金刚"。

在野外工作中,常用随身携带的物品简便地确定矿物的相对硬度。这些物品相应的硬度等级分别为:软铅笔(1度);指甲(2~2.5度);小刀、铁钉(3~4度);玻璃棱(5~5.5度);钢刀刃(6~7度)。

2.解理

矿物晶体在外力作用下,总是沿着一定的结晶方向破裂成一系列光滑平面的现象称为解理。裂成的光滑平面称为解理面。

解理可根据解理面方向的数目,分为一组解理,如云母;二组解理,如正长石(图2-8)、辉石与角闪石;三组解理,如方解石(图2-9)及多组解理。

图2-8 正长石二组解理   图2-9 方解石三组完全解理

根据得到解理的难易、解理片的厚薄、解理面的大小和平整光滑程度,将解理分为以下五级:

(1)极完全解理。极易沿解理面分裂成薄片,解理面平整光滑,如云母。

(2)完全解理。易于沿解理面分裂,解理面显著而平整,如萤石、方解石等。

(3)中等解理。常沿解理面分裂,解理面清楚但不很平整,且不连续,如正长石、辉石等。

(4)不完全解理。沿解理面分裂较为困难,解理面很不平整和不连续,如磷灰石。

(5)极不完全解理。无解理,如石英。

3.断口

具有不完全解理性质的矿物,尤其是没有解理性质的矿物和非晶质矿物,在外力打击下,无一定方向的破裂面,就是断口。

断口的形态常具有一定的特征,如贝壳状(石英,图 2-10)、锯齿状(石膏)、平坦状(石引石)、土状(铝土矿)、粒状(大理石)等。

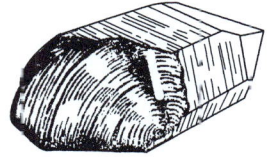

4. 韧度

矿物对外来的撞击、断切、锤压、弯折或牵引等机械应力所具有的抵抗能力与其发生变形的关系称为矿物的韧度。矿物的韧度见表 2-6。

图 2-10 石英贝壳状断口

矿 物 韧 度 表   表 2-6

韧 度	基 本 特 征
脆性	矿物容易破碎成粉末的性能。如石英等
柔性(切性)	有些软质矿物,用刀切割能切成碎片的性能。如石膏等
挠性	有些矿物的结晶薄片或劈开薄片,用手弯折并不破裂,一旦把压力云掉,也不能恢复其原有形态的性能。如绿泥石等
弹性	矿物结晶薄片或劈开薄片受力变开满,去力后仍恢复其原来形状的性能。如云母等
韧性	矿物受锤压,牵引等机械应力作用,发生变形而仍不被破坏的性能。如刚玉等
展性	矿物能锤成薄片的性能。如铜、铁、铝等
延性	矿物能拉成细丝的性能。如铜、铁、铝等
延展性	有展性的矿物往往也有延性,合起来时称为延展性

四、矿物其他性质

有些矿物还具有独特的性质,如弹性(指矿物受外力作用时发生弯曲而不断裂,外力撤除后即能恢复原状的性质,如云母)、挠性(指矿物受外力作用时发生弯曲而未断开,但外力解除后不能恢复原状的性质,如绿泥石、滑石)、延展性(指矿物受外力的拉引或锤击、滚轧时,能拉伸成细丝或展成薄片而不破裂的性质,如自然金等)、磁性(指矿物可被外部磁场吸引或排斥的性质,如磁铁矿)、滑感(滑石)、咸味(岩盐)、密度大(重晶石)、嗅味(硫磺)等物理性质,以及与冷稀盐酸发生化学反应而产生气泡(CO_2),如方解石、白云石(图 2-11)等现象。矿物的这些独特的性质对鉴别某些矿物有重要意义。

图 2-11 方解石遇冷稀盐酸起泡

另外,黄铁矿、石膏、黑云母、方解石、黏土矿物这几种矿物,在评定岩石的工程地质性质时,具有重要的意义。因为,黄铁矿遇水和氧时易形成硫酸,可使岩石发生迅速、剧烈的破坏。石膏具有较大的可溶性和膨胀性,受水作用后易于溶滤而使岩石中形成空洞。云母极易分裂成薄片,常成夹层状包含在岩石中,使岩石的强度降低、性质不均匀,容易碎裂成单独的板块,特别是黑云母含铁质,较白云母更易于受到破坏。方解石在一定条件下可溶解于水形成溶洞,不仅岩石的强度降低而且产生渗透。黏土矿物(高岭石、蒙脱石、伊利石)遇水易软化,强度很低,极易产生滑动。

第三节 常见造岩矿物及鉴定

一、常见造岩矿物

人类工程活动都是在地壳表层进行的,而组成地壳的主要物质成分是岩石。岩石是在自然地质作用下产生的,由一种或多种矿物以一定的规律组成的集合体。目前,自然界中已发现的矿物有 3300 多种,但常见的只有五六十种,而构成岩石主要成分的只不过二三十种。通常把在岩石中构成岩石的主要成分并决定岩石性质的矿物,称为造岩矿物,如常见的长石、石英、辉石、角闪石、黑云母、橄榄石、方解石、白云石等。其中岩石中占主要成分的矿物,为主要造岩矿物。如花岗岩的主要造岩矿物是长石、石英、云母等。

造岩矿物明显影响岩石性质,对鉴定岩石类型起重要作用。因此,认识和学会鉴定这些造岩矿物是鉴别岩石的基础。

二、常见造岩矿物识别与鉴定

每一种矿物都具有一定的物理性质,它们是矿物化学成分与内部构造的综合体现。所以,可以根据矿物的物理性质来识别和鉴定它们。

准确鉴定矿物需要借助化学分析和各种仪器,如偏光显微镜、化学分析、X 射线分析、差热分析等,但对于一般常见矿物用肉眼鉴定方法即可进行初步鉴定。肉眼鉴定所依据的是矿物的一般物理性质。并借助简单工具(如硬度计、瓷板、放大镜、铁锤、小钢刀和稀盐酸等)帮助分辨矿物的若干物理性质。

在鉴定矿物时,要善于抓住主要矛盾,注意比较各种矿物的异同点,找出各种矿物的特殊点。如表 2-7 所示为常见造岩矿物物理性质简表,根据这些物理性质可帮助进行造岩矿物的肉眼鉴定。应用表 2-7 鉴定造岩矿物时,首先应根据颜色确定被鉴定的矿物是属于浅色的(如石英、长石、白云母等)还是深色的(如橄榄石、黑云母、角闪石、辉石等),再以适当的物品确定出硬度范围,然后观察分析被鉴定矿物的其他特征,即可作出结论,定出矿物名称。例如:一块石英矿物标本,首先看颜色呈白色;再用小刀刻划,刻不动,说明硬度大于 5;再看解理,若没有解理而具贝壳状断口,呈油脂光泽,即可定名为石英;如它有二组解理,交角呈 86°56′,即可定名为斜长石。

常见造岩矿物的物理性质简表 表 2-7

矿物名称及化学成分	形 态	物理性质				主要鉴定特征
		颜 色	光 泽	硬度	解理、断口	
石英 SiO_2	晶体呈六棱柱状或双锥状,集合体呈粒状或块状	纯净的为无色,一般呈乳白色或浅灰色,含机械混入物可呈多样化的颜色	玻璃光泽,断口为油脂光泽	7	无解理,具贝壳状断口	常呈六棱柱状或双锥状,柱面上有横纹,断口油脂光泽,无解理,贝壳状断口,硬度高

续上表

矿物名称及化学成分	形 态	物理性质				主要鉴定特征
		颜 色	光 泽	硬度	解理、断口	
正长石 $K[AlSi_3O_8]$	晶体呈短柱状、厚板状,集合体常呈块状、粒状	肉红色、浅玫瑰色或近于白色	玻璃光泽	6~6.5	两组完全解理,解理交角90°	肉红色、短柱状、厚板状晶形,硬度高
斜长石 $Na[AlSi_3O_8]$ ~ $Ca[AlSi_3O_8]$	晶体呈板状、厚板状,常呈块状和粒状集合体	白色至灰白色	玻璃光泽	6~6.5	两组完全解理,解理交角86.5°	灰白色和白色,解理,聚片双晶
黑云母 $K(Mg,Fe)_3$ $[AlSi_3O_{10}]$ $(OH,F)_2$	晶体呈板状或片状,集合体呈片状或鳞片状	黑色、棕色、褐色	玻璃光泽,解理面上具珍珠光泽	2~3	一组极完全解理	板状、片状形态,黑色与深褐色,一组极完全解理,薄片具弹性等
白云母 $KAl_2[AlSi_3O_{10}]$ $(OH,F)_2$	晶体呈板状或片状,集合体呈片状或鳞片状	无色,灰白至浅灰色	玻璃光泽,解理面上具珍珠光泽	2~3	一组极完全解理	板状、片状晶形,无色、灰白至浅灰色,一组极完全解理,薄片具弹性
角闪石 $Ca_2Na(Mg,Fe)_4$ (Al,Fe) $[(Si,Al)_4O_{11}]_2$ $(OH,F)_2$	晶体多呈长柱状,集合体呈长柱状、纤维状、粒状	浅绿至黑绿色	玻璃光泽	5.5~6	两组完全解理,解理交角56°	暗绿色、长柱状晶形,横断面呈六边形、解理交角56°
辉石 (Ca,Na) (Mg,Fe,Al) $[(Si,Al)_2O_6]$	晶体常呈短柱状,集合体呈粒状或块状	绿黑色或褐黑色	玻璃光泽	5~6	两组完全或中等解理,解理交角87°	绿黑色、短柱状晶形、横切面近于正八边形、两组解理交角近直角
橄榄石 $(Fe,Mg)_2[SiO_4]$	粒状集合体	橄榄绿色、淡黄绿色	玻璃光泽	6.5~7	不完全解理、贝壳状断口	橄榄绿色、粒状集合体、玻璃光泽、贝壳状断口
方解石 $Ca[CO_3]$	晶体呈菱面体,集合体呈粒状、块状、钟乳状等	无色或白色,因含杂质可具多种颜色	玻璃光泽	3	菱面体完全解理	菱面体完全解理,遇稀HCl剧烈起泡
白云石 $CaMg[CO_3]_2$	晶体呈菱面体,晶面常弯曲成马鞍形,集合体常呈致密块状、粒状	无色、白色或灰色,有时为淡黄色、淡红色	玻璃光泽	3.5~4	菱面体完全解理	马鞍形的晶体外形,与冷稀HCl反应微弱

续上表

矿物名称及化学成分	形态	物理性质				主要鉴定特征
		颜色	光泽	硬度	解理、断口	
高岭石 $Al_4[Si_4O_{10}](OH)_8$	多为隐晶质致密块状或土状集合体	白色,因含杂质可呈浅红、浅黄等色	土状光泽或蜡状光泽	1~3	土状断口	白色,土状块体,手捏成粉末和水湿润后具可塑性
石膏 $Ca[SO_4]\cdot 2H_2O$	晶体呈厚板状或柱状,集合体常呈块状或粒状,有时呈纤维状	常为白色及无色,含杂质可呈灰、浅黄、浅褐等色	玻璃光泽,解理面为珍珠光泽,纤维状集合体呈丝绢光泽	2	一组极完全解理,两组中等解理	板状晶体,硬度低,一组极完全解理
滑石 $Mg_3[Si_4O_{10}](OH)_2$	晶体呈板状,但少见;集合体常呈片状、鳞片状或致密块状	纯者无色透明或白色,但常因杂质呈浅黄、粉红、浅绿和浅褐等色	玻璃光泽,解理面上呈珍珠光泽	1	一组极完全解理	低硬度(指甲可刻动),具滑感,片状集合体,并有一组极完全解理
绿泥石 $(Mg,Al,Fe)_6$ $[(Si,Al)_4O_1]$ $(OH)_8$	晶体呈假六方板状、片状,集合体常为鳞片状、土状或块状	呈各种色调的绿色	玻璃光泽或土状光泽,解理面呈珍珠光泽	2~2.5	一组极完全解理	绿色,一组极完全解理,硬度低,薄片具挠性
蛇纹石 $Mg_6[Si_4O_{10}](OH)_8$	单晶体极为罕见,常为显微叶片状、隐晶质致密块状集合体、纤维状集合体	一般呈绿色,深浅不一,常具蛇皮状青、绿色的斑纹	油脂光泽或蜡状光泽,纤维状呈丝绢光泽	2~3.5	一组完全解理	特有的颜色、形态、光泽及硬度低
石榴子石 $(Mn,Fe,Mg,Ca)_3$ $(Al,Fe,Cr)_2[SiO_4]_3$	菱形十二面体、四角三八面体,集合体呈散粒状或致密块状	常呈红、褐棕、绿至黑色	玻璃光泽,断口油脂光泽	6.5~7.5	无解理,不规则断口	特有的晶形、颜色、光泽、高硬度、无解理

复习与实践

1.什么是矿物? 什么是造岩矿物?

2.矿物有哪些主要物理性质? 常见的造岩矿物有哪几种?

3.简述矿物的分类及主要类型。

4.由石膏、黑云母、绿泥石、黄铁矿及黏土矿物组成的岩石,对工程建筑物有哪些影响?

5.简述长石、石英、橄榄石、辉石、角闪石、云母、白云石、方解石、白云石等常见矿物的主要特征。

第三章 岩 石

岩石是地质作用下形成的一种或多种矿物组成的、具有一定结构和构造的集合体。根据成因和形成过程,岩石可分为三大类:由岩浆活动所形成的岩浆岩(火成岩);由外力作用形成的沉积岩(水成岩);由变质作用形成的变质岩。

第一节 岩 浆 岩

一、岩浆岩的概念及产状

1. 岩浆岩的概念

岩浆岩又称火成岩,是由炽热的岩浆在地下或喷出地表后冷凝固结而形成的岩石,其占地壳岩石体积的 64.7%,是三大类岩石的主体。

岩浆是存在于上地幔顶部和地壳深处、以硅酸盐为主要成分,富含挥发性物质(CO_2、CO、SO_2、HCl 及 H_2S 等),处形高温(约为 700 ~ 1300℃)、高压(约数千兆帕)状态下的熔融体,熔融的岩浆可以在上地幔或地壳深处运移,并沿深部的断裂向上入侵。当岩浆向上运移,由于温度和压力的降低,岩浆逐渐冷凝而未到达地表,称为岩浆的侵入作用。由侵入作用所形成的岩石称为侵入岩。侵入岩是被周围原有岩石封闭起来的三维空间的实体,故又称为侵入体。包围侵入体的原有岩石称为围岩。按形成深度可分深成侵入体(> 3km)和浅成侵入体(<3km)。一般深成侵入体规模大,浅成侵入体规模小。

若岩浆沿一定构造裂隙通道上升到溢出地表或喷出地表,称为岩浆的喷出作用,也称为火山作用。在地表由于喷出作用形成的岩石称为喷出岩。根据岩浆喷出的作用方式及其猛烈程度,又可分为熔岩和火山碎屑岩。熔岩是指上升的岩浆溢出地表冷凝而成的岩石。岩浆或它的碎屑物质被火山猛烈地喷发到空中,而后又在地面堆积形成的岩石,称为火山碎屑岩。

2. 岩浆岩的产状

岩浆岩的产状是指岩浆岩体在地壳中的产出状态,它们是由岩体的大小、形状及其与围岩之间的关系和所处构造环境来决定的。岩浆岩的产状是多种多样的,也是很复杂的,如图 3-1 所示。

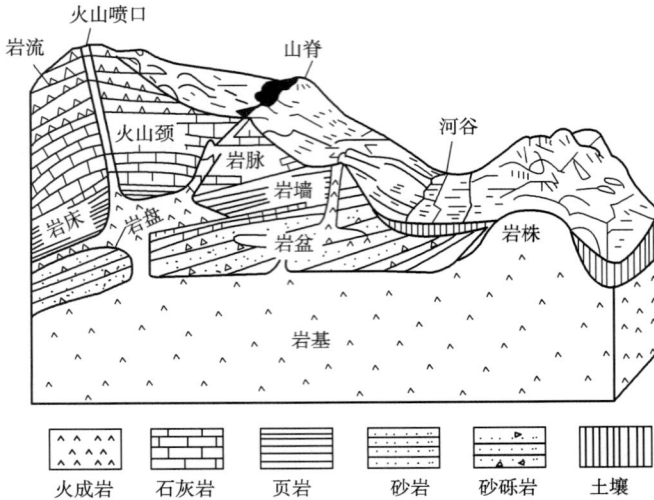

图 3-1 岩浆岩的产状

1)深成侵入岩体的产状——岩基和岩株

岩基是一种规模极大的侵入体,分布面积在 $60km^2$ 以上,形态不规则,岩性均匀。岩浆侵入位置深,冷凝速度慢,晶粒结晶粗大。岩株出露面积一般小于 $60km^2$,平面形状多呈浑圆形,岩性均一,与围岩接触面不平直,边缘常有规模较小,形态规则或不规则的侵入体分支插入围岩之中。

2)浅成侵入岩体的产状——岩脉、岩墙、岩床、岩盘、岩盖

岩浆侵入围岩各种裂隙和断层,形成的脉状岩体,称为岩脉或脉岩。近于直立的岩脉称为岩墙。岩浆沿着围岩的层面侵入而形成的板状侵入岩体称为岩床。若岩浆侵入成层的围岩,侵入体的展布与围岩成层方向大致平行,但其中间部分略向下凹,似盘状者称为岩盘。如果侵入体底平而顶凸,似蘑菇状者称为岩盖。岩盘与岩盖其下部有管状通道与下面更大的侵入体相通。常由黏性大的岩浆形成。

3)喷出岩体的产状——火山锥、熔岩流

岩浆沿火山颈喷出地表,其喷发方式主要有两种:一是岩浆沿管状通道上涌,从火山口喷发或溢出,称为中心式喷发;二是岩浆沿地壳中狭长的裂隙或断裂带溢出,称为裂隙式喷溢。

喷出岩的产状受其岩浆的成分、黏性、上涌通道的特征、围岩的构造以及地表形态的控制和影响。常见的喷出岩的产状有火山锥、熔岩流和熔岩台地等。

(1)火山锥。黏性较大的岩浆沿火山口喷出地表,猛烈地爆炸喷发火山角砾、火山弹及火山渣。这些较粗的固体喷发物在火山口附近常堆积成为火山锥,锥体高达数十至数百米,锥体坡角 $30°$,锥顶有明显的火山口(图 3-2)。

（2）熔岩流和熔岩台地。熔岩流由黏性小、易流动的岩浆沿火山口或沿断裂喷出或溢出地表形成,厚度较小的熔岩流也称熔岩席或熔岩被。岩浆长时间、缓慢地溢出地表,堆积形成的台状高地,称为熔岩台地。

图 3-2　火山锥及火山口

二、岩浆岩的成分

1. 岩浆岩的化学成分

岩浆岩的化学成分几乎包括了地壳中所有的元素,但其含量却差别很大。若以氧化物计,则以 SiO_2、Al_2O_3、Fe_2O_3、FeO、CaO、MgO、Na_2O、K_2O、H_2O、TiO_2 等为主,占岩浆岩化学元素总量的 99% 以上,其中以 SiO_2 含量最大,约占 59.14%,其次是 Al_2O_3,占 15.34%。SiO_2 的含量,在不同的岩浆岩中有多有少,很有规律。因此,根据 SiO_2 含量的多少,可将岩浆岩分为酸性岩类(SiO_2 含量 >65%)、中性岩类(SiO_2 含量 65% ~52%)、基性岩类(SiO_2 含量 52% ~45%)和超基性岩类(SiO_2 含量 <45%)四类。

相对富 SiO_2 和 Al_2O_3 的岩石称硅铝质岩石,如花岗岩;相对富 FeO 和 MgO 的称镁铁质岩石,如玄武岩。

2. 岩浆岩的矿物组成

组成岩浆岩的矿物有 30 多种,但分布最广泛的只有 8 种矿物。这 8 种矿物按颜色深浅分为浅色矿物和深色矿物两类。浅色矿物富含硅、铝,有钾长石、斜长石、石英和白云母等;深色矿物富含铁、镁,有橄榄石、辉石、角闪石和黑云母等。其中长石占全部岩浆岩矿物总量的63%,其次是石英,故长石和石英是岩浆岩分类和鉴定的重要依据。

对具体岩石来讲,并不是这些矿物都同时存在,而通常是仅由 2~3 种主要矿物组成。例如花岗岩的主要矿物是石英、正长石和黑云母,辉长岩的主要矿物是基性斜长石和辉石。

岩浆岩的矿物组成与其化学成分(硅、铝、铁、镁含量)密切相关,而岩浆岩的颜色则与其矿物组成(浅色矿物、暗色矿物含量)密切相关。从基性岩到中性岩再到酸性岩,岩石中硅、铝含量逐渐增高,铁、镁含量逐渐降低;浅色矿物含量逐渐增多,而暗色矿物含量逐渐减少。所以,从基性岩到中性岩再到酸性岩,岩石的颜色逐渐变浅。

3. 岩浆岩的矿物的共生组合规律——鲍温反应原理

岩浆岩中深、浅矿物的组合,不仅反映在岩石的颜色上,而且还决定着该岩石的化学性质,在岩浆岩石学中,常以铁镁质的深色矿物在岩石中所占的百分率作为"颜色指数",或称"色率"。色率:0~30% 的称浅色岩,为酸性岩;30% ~60% 的称中色岩,为中性岩;60% ~90% 的称深色岩,为基性岩;90% ~100% 的称暗深色岩,为超基性岩(色率的百分率,可按深色矿物在岩块表面单位面积中所散布的疏密程度,作经验估测)。由此可见,岩浆岩的颜色、矿物成分与化学性质之间,有着内在的共生组合规律。

1922 年鲍温模拟岩浆结晶作用的实验,从中总结出玄武岩演化过程中岩浆岩的造岩矿物形成的一般规律——鲍温反应原理。其主要内容是:岩浆在结晶过程中现析出的矿物由于物理-化学条件的改变与剩余岩浆会发生反应,使矿物成分发生变化并产生新的矿物。随着温度的降低,反应将继续进行,便有规律地产生一系列矿物,叫做反应系列。

反应系列分两支:连续系列和不连续系列。连续系列反映岩浆结晶过程中浅色矿物(斜长石系列)的生成顺序,不连续系列表示深色矿物从岩浆中结晶出的先后顺序。随着岩浆的冷却,两个分支在下部汇合成简单的不连续系,石英是它的最后产物。如图3-3所示。

鲍温反应系列

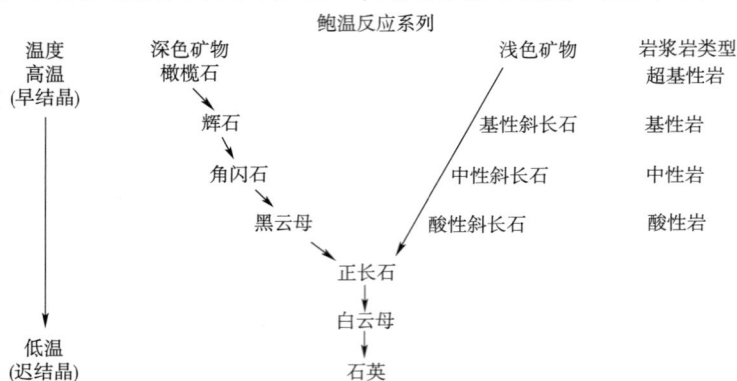

图3-3 鲍温反应系列

从鲍温反应系列中可以看出岩浆岩中原生矿物在冷凝结晶过程中所形成的共生组合规律:

(1)酸性岩。SiO_2 含量高,石英与正长石及酸性斜长石共生,深色矿物有黑云母和少量角闪石。

(2)中性岩。SiO_2 含量适中,石英含量极少,以长石类与深色矿物角闪石共生。

(3)基性岩。SiO_2 含量较低,无正长石和石英或含量极少,以基性斜长石与深色矿物辉石共生为主。

(4)超基性岩。SiO_2 含量很低,长石类及角闪石极少见,绝无石英,以深色矿物橄榄石与辉石共生为主。

从上述"共生组合规律"中不难看出,橄榄石和石英在岩浆岩成岩过程中不会共生(酸性岩浆中 SiO_2 含量过剩,可以游离出来形成石英;在超基性岩江中 SiO_2 含量很低,便出现含 SiO_2 少而最早结晶的橄榄石)。通常以此两种矿物来区别 SiO_2 含量的多少,故把橄榄石和石英列为岩浆岩的"指示矿物"。

三、岩浆岩的结构与构造

岩浆岩的结构和构造,反映了岩石形成环境和物质成分变化的规律性,与矿物成分一样是区分、鉴定岩浆岩的重要标志,也是岩石分类和定名的重要依据之一,同时它还是直接影响岩石强度高低的主要特征。

1.岩浆岩的结构

岩浆岩的结构是指岩浆岩成分中矿物的结晶程度、颗粒大小、形状特征以及这些物质彼此间的相互关系等所反映出的特征。

影响岩浆岩结构的因素主要是岩浆的化学成分(黏度)、物理化学状态(温度、压力)及成岩环境(冷凝、结晶的时间与空间)等。如形成深成岩的岩浆埋藏深、缓慢冷凝,晶体结晶时间充裕,在适宜的空间中,能形成自形程度高、晶形好、晶粒粗大的矿物晶体;相反,喷出地表的岩浆由于冷凝速度快,来不及结晶,故其形成的喷出岩多为非晶质或隐晶质结构。

（1）按结晶程度分类

根据矿物的结晶程度,岩石可分为如下几类,如图3-4所示:

①全晶质结构:全部由结晶矿物组成的结构。全晶质结构是岩浆在温度缓慢降低的情况下形成的,通常是深成侵入岩常见的结构,如花岗岩(图3-5a)等。

②半晶质结构:既有矿物晶体又有玻璃质共存的结构。半晶质结构主要是浅成岩具有的结构。有时在喷出岩中也能见到,如流纹岩、粗面岩(图3-5b)。

③非晶质结构:非晶质结构是指岩石全部由非晶质矿物组成的结构,又称玻璃质结构。非晶质结构是在岩浆喷出地表迅速冷凝来不及结晶的情况下形成的,为喷出岩特有的结构,如黑耀岩(图3-5c)等。

图3-4 根据矿物的结晶程度划分的三种结构
1-玻璃质(非晶质)结构;2-全晶质结构;3-半晶质结构

a)　　　　　　b)　　　　　　c)

图3-5 根据结晶程度划分的三种结构
a)全晶质结构;b)半晶质结构;c)非晶质结构

（2）按矿物晶粒大小分类

①伟晶结构:颗粒直径 >10mm。

②粗粒结构:颗粒直径 5~10mm。

③中粒结构:颗粒直径 1~5mm。

④细粒结构:颗粒直径 0.1~1mm。

⑤微粒结构:颗粒直径 <0.1mm。

伟晶、粗粒、中粒、细粒者用肉眼或放大镜可以辨识,统称为显晶质,是侵入岩的结构特征。微粒者只能在显微镜下可以观察和识别,称为隐晶质,是火山岩和部分浅成岩的结构特征。

（3）按矿物晶粒的相对大小分类

根据矿物颗粒的相对大小,岩石可分为如下几类,如图3-6所示:

①等粒结构:是指岩石中的矿物全部是显晶质粒状,同种主要矿物结晶颗粒大小大致相等的结构。等粒结构是深成岩特有的结构。

②不等粒结构:是指岩石中同种主要矿物结晶颗粒大小不等、相差悬殊的结构。不等粒结构中较大的晶体矿物叫斑晶,细粒的微小晶粒或隐晶质、玻璃质叫基质。不等粒结构按其颗粒相对大小又可分为斑状结构和似斑状结构两类。斑状结构是基质为隐晶质或玻璃质的结构。

斑状结构是浅成岩或喷出岩的重要特征。似斑状结构是基质为显晶质的结构。似斑状结构多见于深成岩体的边缘或浅成岩中。

一般侵入岩多为全晶质等粒结构。喷出岩多为隐晶质致密结构或玻璃质结构,有时为斑状结构。

2.岩浆岩的构造

岩浆岩的构造是指岩浆中不同矿物集合体间或矿物集合体与岩石的其他组成部分之间的排列、充填空间方式所构成的岩石特点。

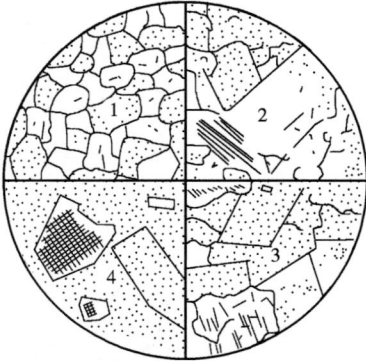

图3-6 根据颗粒的相对大小划分的结构类型
1-等粒结构;2-不等粒结构;3-斑状结构;4-似斑状结构

岩浆岩的构造决定了其外貌特点。它与岩石结构的概念不同,结构主要表示矿物或矿物之间的各种特征,而构造主要表示矿物集合体之间的各种特征。岩浆岩的构造特征,主要决定于岩浆冷凝时的环境。常见的岩浆岩构造有:

(1)块状构造。岩石中矿物颗粒均匀分布,无定向排列的现象,呈均匀的块体。这种构造在岩浆岩中分布很广。

(2)流纹构造。由不同的颜色条纹所反映出来的熔岩流的流动构造。常见于流纹岩、英安岩和粗面岩中。

(3)气孔构造和杏仁构造。气孔构造是岩浆喷溢地表时,其中所含挥发分逸散后留下的孔洞形成的。这些孔洞被后来的物质充填形成杏仁者称杏仁构造。常见于喷出岩中。

(4)晶洞构造和晶腺构造。深成侵入岩中若出现了原生孔洞者叫晶洞构造。若在这些孔洞壁上有一些晶面发育很好的矿物排列生长即构成了晶腺构造或晶簇构造。

四、常见的岩浆岩

1.酸性岩类

酸性岩类的主要矿物为石英、钾长石和酸性斜长石,次要矿物有黑云母、白云母和角闪石。典型岩石有花岗岩、花岗斑岩、流纹岩。

(1)花岗岩。多呈肉红色、灰白色、浅黄色;主要矿物为石英、正长石、斜长石;次要矿物为黑云母和角闪石;全晶质粗、中等粒结构;块状构造。花岗岩分布广泛,性质均一、坚硬,岩块抗压强度达 120~200MPa,是良好的建筑物地基和优质建筑石料。

(2)花岗斑岩。成分与花岗岩相似,斑状结构,斑晶由正长石、石英组成,石基多由细小的长石、石英及其他矿物或隐晶质构成,块状构造;若斑晶以石英为主时称为石英斑岩。

(3)流纹岩。矿物成分与花岗岩相似,常呈灰白、灰红等,岩石呈斑状结构、基质呈隐晶质结构,斑晶为正长石、石英,基质常为玻璃质或隐晶质,具有明显的流纹构造。流纹岩性质坚硬,强度高,可作为良好的建筑材料,但若作为建筑物地基时需要注意下伏岩层和接触带的性质。

2. 中性岩类

中性岩类的铁镁矿物比基性岩明显减少,主要矿物为角闪石,次要矿物为黑云母和辉石。中性斜长石增多,典型岩石有闪长岩、安山岩、正长岩、粗面岩。

(1)闪长岩。灰白 – 深灰色,主要矿物为角闪石和斜长石,次要矿物为辉石、黑云母、少量石英。闪长岩含石英时称为石英闪长岩,常呈细粒的等粒状结构,块状构造。岩石坚硬,不易风化,岩块抗压强度可达 130~200MPa,可作为各种建筑物的地基和建筑材料。

(2)安山岩。灰色、紫色或灰紫色;主要矿物为角闪石和斜长石;斑状结构,基质为隐晶质或玻璃质;块状构造,有时含气孔、杏仁构造。安山岩岩块致密,强度稍低于闪长岩。

(3)正长岩。多为肉红色、浅黄或灰白色;中粒、等粒结构,块状构造,主要矿物成分为正长石,次要矿物为黑云母、角闪石等;有时含少量的斜长石和辉石,一般石英含量极少。其物理力学性质与花岗岩类似,但不如花岗岩坚硬,且易风化。

(4)粗面岩。呈浅红、浅褐黄或浅灰等色,斑状结构,斑晶为正长石,一般石英含量极少,基质很细,为隐晶质,具有细小孔隙,表面粗糙。

3. 基性岩类

基性岩类的主要矿物为辉石、斜长石,次要矿物为角闪石、黑云母和橄榄石。有时见蛇纹石、绿泥石和滑石等次生矿物。典型岩石有辉长岩、辉绿岩和玄武岩。

(1)辉长岩。灰黑、深灰或黑绿色;主要矿物为辉石和斜长石,次要矿物为角闪石、黑云母和橄榄石。辉长岩具有中粒或粗粒结构,块状构造。岩石坚硬,抗风化能力强,具有很高的强度,岩块抗压强度可达 200~250MPa。

(2)辉绿岩。暗绿或绿黑色,主要矿物为斜长石和辉石,二者含量相近;其次为橄榄石、角闪石和黑云母。具典型辉绿结构,其特征是粒状辉石等暗色矿物充填在板条状斜长石组成的格架空隙中。常具有杏仁状构造,多呈岩床或岩脉产出。辉绿岩具有良好的物理力学性质,抗压强度也很高,但因节理往往较发育,易风化破碎,使强度大为降低。

(3)玄武岩。灰绿或暗绿、暗黑色,矿物成分同辉长岩,常呈隐晶质和细粒结构,也有斑状结构,斑晶多为橄榄石、辉石和斜长石;常有气孔或杏仁状构造,柱状节理发育。玄武岩分布广泛,岩块抗压强度为 200~290MPa,具有抗磨损、耐酸性强的特点。

4. 超基性岩类

超基性岩类几乎全由铁镁矿物组成,颜色深,典型岩石为橄榄岩和辉石岩。

(1)橄榄岩。深绿色或黑绿色;主要矿物为橄榄石,少量辉石;全由橄榄石组成者称为纯橄榄岩;块状构造;中、粗等粒结构,橄榄石风化易蚀变成蛇纹石或绿泥石。

(2)辉石岩。黑绿色;主要矿物为辉石,少量橄榄石;粒状结构,块状构造。

五、岩浆岩的识别与鉴定

1. 岩浆岩的分类

岩浆岩是构成地壳的主要岩石。按体积计,岩浆岩约占地壳的 64.7%。但在地表,岩浆岩出露不多(出露后遭到各种变化形成了别的岩石),和变质岩加在一起,约占地壳表面积的25%。岩浆岩的分类方法甚多,最基本的分类是按组成物质中 SiO_2 的含量多少将其分为酸性岩、中性岩、基性岩和超基性岩四大类。同时,按岩石的结构、构造和产状可将每类岩石划分为深成岩、浅成岩和喷出岩三种不同类型。如果按上述方法分类的不同给岩浆岩赋予相应的名称,则形成一种纵向与横向的双向分类法,见表3-1。

常见岩浆岩分类及肉眼鉴定表　　　　　　　　　　表3-1

岩石类型		超基性岩	基性岩	中性岩		酸性岩
化学成分 SiO₂含量(%)		富含 Fe、Mg		富含 Si、Al		
		<45	45～52	52～65		>65
颜色		黑、绿黑色	黑、灰黑色	灰、灰绿色		灰白、肉红色
主要矿物成分		橄榄石、辉石	斜长石、辉石	斜长石、角闪石	正长石、角闪石	石英、正长石
次要矿物成分		角闪石	角闪石、橄榄石、黑云母	正长石、黑云母	斜长石、黑云母	角闪石、黑云母
喷出岩	杏仁构造、块状构造	玻璃质结构、隐晶质结构	黑曜岩、浮岩			
	流纹构造、气孔构造	斑状结构	苦橄岩	玄武岩	安山岩	粗面岩	流纹岩
浅成岩	块状构造、气孔构造(少数)	斑状结构、半晶质结构、粒状结构	苦橄玢岩	辉绿岩	闪长玢岩	正长斑岩	花岗斑岩
深成岩	块状构造	全晶质结构、粒状结构	橄榄岩、辉石岩	辉长岩	闪长岩	正长岩	花岗岩

注:斑岩和玢岩都是具有斑状结构的浅成侵入岩或部分喷出岩,长石类斑晶以斜长石为主称玢岩,以正长石为主称斑岩。

2. 岩浆岩的鉴定方法

利用表3-1进行岩浆岩的肉眼鉴定时,首先观察新鲜岩石的颜色,估计所含暗色矿物的体积百分率,以确定岩石的化学类别;其次,观察岩石的结构和构造,确定岩石的成因类别;最后再根据岩石的矿物成分定出岩石名称。应该注意的是,在确定颜色时,应把岩石放在一定的距离,观察它大致(平均)的颜色;观察矿物成分时,只需鉴定其中显晶质或斑状结构中的斑晶成分即可,而对隐晶质和玻璃质则肉眼不易鉴定。

例如有一岩石标本,可按如下方法观察鉴定:岩石颜色较浅,为浅灰白色,应为酸性或中性岩。岩石为粗粒结构,全晶质,块状构造,据此应为深成岩。矿物成分以石英和正长石为主,斜长石为次之,暗色矿物为黑云母,含量超过5%;根据岩石中大量石英,正长石多于斜长石,对照分类表的纵行和横行,应是花岗岩,又可据暗色矿物黑云母的含量超过5%,故可定名为黑云母花岗岩。

野外鉴别岩浆岩的步骤如下:

(1)在野外进行鉴定时,首先观察岩体的产状等,判定是不是岩浆岩及属于何种产状类型。

(2)然后观察岩石整体的颜色,从颜色深浅,确定所属的类别。岩石颜色的深浅决定于岩石中深色矿物与浅色矿物的含量比,含深色矿物多、颜色较深的,一般为基性或超基性岩;含深色矿物少、颜色较浅的,一般为酸性或中性岩。相同成分的岩石,隐晶质的较显晶质的颜色要深一些。应注意岩石总体的颜色,并应在岩石的新鲜面上观察,初步确定岩石的大类。

(3)进一步观察岩石的结构和构造特征,区分是深成岩、浅成岩或喷出岩。深成岩,具全晶质等粒结构,块状构造;浅成岩,具有隐晶质、斑状结构,呈块状构造;喷出岩,具有玻璃质、隐晶质、斑状结构,呈流纹、气孔、杏仁状、块状等构造。

(4)最后根据岩石中矿物的共生组合规律分析岩石的主要矿物成分,再综合其他特征,即可确定岩石的名称。

第二节　沉　积　岩

一、沉积岩概念及形成过程

1.沉积岩概念

沉积岩是在温度不高、压力不大的条件下,由风化作用、生物作用和某种火山作用的产物,经搬运、沉积和成岩作用而形成的岩石。据统计,沉积岩在地壳表层分布最广,占陆地面积的75%,但体积只占地壳的5%(岩浆岩和变质岩共占95%)。分布的厚度各处不一,且深度有限,一般不过几百米,仅在局部地区才有数千米甚至上万米的巨厚沉积。

沉积岩记录着地壳演变的漫长过程,地壳上最老的岩石年龄为46亿年,而沉积岩最老的就达36亿年(前苏联科拉半岛)。在沉积岩中蕴藏着大量矿产,不仅矿种多而且储量大,如煤、铝土矿、石灰岩等,具有重要的工业价值。另外,各种工程建筑如道路、桥梁、水坝、矿山等几乎都以沉积岩为地基。因此,研究沉积岩的形成条件、组成成分、结构和构造特征,有很大的实际意义。

2.沉积岩的形成

沉积岩的形成过程是一个长期而复杂的外力地质作用过程,一般可分为以下四个阶段:

(1)松散破碎阶段:地表或接近于地表的各种先成岩石,在温度变化、大气、水及生物长期的作用下,原来坚硬完整的岩石,逐步破碎成大小不同的碎屑,甚至改变了原来岩石的矿物成分和化学成分,形成一种新的风化产物。

(2)搬运作用阶段:岩石经风化作用的产物,除少数部分残留原地堆积外,大部分被剥离原地经流水、风及重力等作用,搬运到低地。在搬运过程中,岩石的不稳定成分继续受到风化破碎,破碎物质经受磨蚀,棱角不断磨圆,颗粒逐渐变细。

(3)沉积作用阶段:当搬运力逐渐减弱时,被携带的物质便陆续沉积下来。在沉积过程中,大的、重的颗粒先沉积,小的、轻的颗粒后沉积。因此,沉积物具有明显的分选性。最初沉积的物质呈松散状态,称为松散沉积物。

（4）固结成岩阶段：松散沉积物转变成坚硬沉积岩的阶段即为固结成岩阶段。固结成岩作用主要有压实、胶结、重结晶三种。

二、沉积岩成分

1.沉积岩的化学成分

沉积岩的主要物质成分来源于岩浆岩的风化产物，因此沉积岩与岩浆岩的平均化学成分很相似（表3-2）。但各类沉积岩的化学成分差异很大，如碳酸盐岩以 MgO、CaO 和 CO_2 为主；砂岩以 SiO_2 为主；泥岩则以铝硅酸盐为主。沉积岩中化学成分 Fe_2O_3 大于 FeO_2，K_2O 大于 Na_2O，而在岩浆岩中则相反。多价金属离子以高价氧化物在沉积岩中出现。沉积岩中富含 H_2O、CO_2、O_2 和有机质，这在岩浆岩中几乎是不存在的。

岩浆岩和沉积岩的平均化学成分（按氧化物百分率，据克拉克，1924） 表3-2

氧化物	SiO_2	TiO_2	Al_2O_3	Fe_2O_3	FeO	MnO	MgO	CaO	Na_2O	K_2O	P_2O_5	CO_2	H_2O	合计
岩浆岩	59.14	1.05	15.34	3.08	3.80	0.02	3.49	5.08	3.84	3.13	0.30	0.10	1.15	99.52
沉积岩	57.95	0.57	13.39	3.47	2.08		2.65	5.89	1.13	2.86	0.13	5.38	3.23	98.73

2.沉积岩的矿物成分

沉积岩的矿物成分主要来源于先成的各种岩石的碎屑、造岩矿物和溶解物质。组成沉积岩的矿物，最常见的有20种左右，而每种沉积岩一般由1~3种主要矿物组成。组成沉积岩的物质按成因可分为以下四类：

（1）碎屑物质。碎屑物质是指原岩经风化破碎而生成的呈碎屑状态的物质，主要有矿物碎屑（如石英、长石、白云母等抵抗风化能力较强、较稳定的矿物颗粒）、岩石碎块、火山碎屑等。在岩浆岩中常见的橄榄石、辉石、角闪石、黑云母、基性斜长石等矿物形成于高温高压环境中，在常温常压表生条件下是不稳定的。岩浆岩中的石英，大部分形成于岩浆结晶的晚期，在表生条件下稳定性较大，一般以碎屑物形式出现于沉积岩中。

（2）黏土矿物。黏土矿物主要是一些原生矿物经化学风化作用分解后所产生的次生矿物。这些矿物是在常温常压下且富含二氧化碳和水的表生环境条件下形成的，如高岭石、蒙脱石、水云母等。黏土矿物粒径小于0.005mm，具有很大的亲水性、可塑性及膨胀性。

（3）化学沉积矿物。化学沉积矿物是从真溶液或胶体溶液中沉淀出来的或生物化学沉积作用形成的矿物，如方解石、白云石、石膏、岩盐、铁和锰的氧化物或氢氧化物等。

（4）有机质及生物残骸。有机质及生物残骸是由生物残骸经有机化学变化而形成的矿物，如贝壳、珊瑚礁、硅藻土、泥炭、石油等。

三、沉积岩的胶结物与胶结类型

胶结物是指充填于碎屑颗粒之间的黏土及化学沉淀物。沉积岩中的碎屑矿物颗粒通过胶结物的胶结、压实固结后成岩。常见的胶结物主要为硅质、钙质、泥质和铁质，不同的胶结物对沉积岩的颜色和岩石强度有很大影响。

（1）硅质胶结。胶结物主要是隐晶质石英或非晶质 SiO_2，多呈灰白、或浅黄色，质坚，抗压强度高,耐风化能力强。

(2)钙质胶结。胶结物主要是方解石、白云石,多呈灰色、青灰色、灰黄色。岩石的强度和坚固性高,但具可溶性,遇稀盐酸作用即起泡反应。

(3)泥质胶结。胶结物主要为黏土矿物。黄褐色、灰黄色。结构松散、易碎,抗风化能力弱,岩石强度低,遇水易软化。

(4)铁质胶结。胶结物主要组分为铁的氧化物和氢氧化物。多呈棕、红、褐、黄褐等色。胶结紧密、强度高,但抗风化能力弱。

(5)石膏质胶结。胶结物成分为 $CaSO_4$,硬度小,胶结不紧密。

胶结物在沉积岩中的含量一般为25%左右,若含量超过25%,即可参加岩石的命名。如钙质长石石英砂岩,即是长石石英砂岩一钙质胶结物超过了25%。

四、沉积岩结构

沉积岩组成部分在形貌上的特征及相互间的组合关系称为结构,如颗粒的大小、形状等。根据成因特点,沉积岩的结构可分为碎屑结构、火山碎屑结构、泥质结构、化学结晶结构和生物结构。

1. 碎屑结构

由原岩经机械破碎和搬运的碎屑物质(包括矿物碎屑和岩石碎屑),在沉积成岩过程中被胶结而成的结构,称为碎屑结构。碎屑结构是碎屑岩特有的结构。

(1)按碎屑粒径的大小可分为(表3-3中的类型)。

碎屑结构类型及碎屑岩　　　　　　　　　　　　表3-3

结　构　名　称		碎屑颗粒大小(mm)	碎屑岩名称
砾状结构	砾状结构	>2.0	砾岩
	角砾状结构		角砾岩
砂质结构	粗砂结构	0.5~2.0	粗粒砂岩
	中砂结构	0.25~0.5	中粒砂岩
	细砂结构	0.05~0.25	细粒砂岩
粉砂质结构		0.005~0.05	粉砂岩

(2)根据颗粒外形分为:棱角状结构、次棱角状结构、次圆状结构和滚圆状结构(图3-7)。碎屑颗粒磨圆程度受颗粒硬度、相对密度及搬运距离等因素的影响。

2. 泥质结构

泥质结构,也称黏土结构,是由粒径小于0.005mm 的黏土矿物颗粒组成,是泥岩、页岩等黏土岩的主要结构。这种结构质地均一、致密且性软。

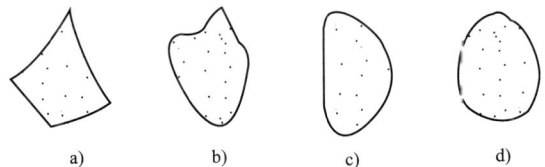

a)　　　　b)　　　　c)　　　　d)

图3-7　碎屑颗粒磨圆分级
a)棱角状;b)次棱角状;c)次圆状;d)滚圆状

3. 化学结晶结构

化学结晶结构是指岩石由从溶液中沉淀、结晶等化学成因物质组成的结构。可分为鲕状、结核状、纤维状、致密块状和晶粒结构等。

4.生物结构

岩石几乎全部是由由生物遗体或碎片组成的结构,如生物碎屑结构、贝壳结构、珊瑚结构等,是生物化学岩的特有结构。

五、沉积岩的构造和特征

沉积岩的构造是指沉积岩各个组成部分的空间分布和排列方式,它们可以反映和指示成岩时的特定沉积环境。沉积岩的构造特征主要表现在层理、层面、结核和生物构造等方面。

1.层理构造

沉积岩的原始产状一般呈层状分布,其上下为略平且平行的面所分界,上界面称上层面或顶板,下界面称下层面或底板,每层是广阔的而厚度很小的板状均匀岩体(岩层)。但是由于沉积环境的变化,沉积岩也可能出现其他一些产状,如图3-8所示。

沉积岩很重要的一个特征是具有层理构造。层理构造是指构成沉积岩的物质由于颜色、成分、颗粒粗细或颗粒特征的不同而产生的分层现象。层与层(由于季节和气候变化所形成的厚薄不同的成层单位称为层)之间的接触面称为层理面。但层与层之间结合十分紧密,实际上并不真正存在分界面。层理面与层面不同,层面是由于岩石在原始形成过程中发生了沉积间断而造成的。层根据其厚度可分:巨厚层(厚度大于1m)、厚层(厚度为1～0.5m)、中厚层(厚度为0.5～0.1m)、薄层(厚度小于0.1m)。层理面与层面的方向不一定一致,据此根据层理的形态和成因主要分为下列三种类型(图3-9、图3-10):

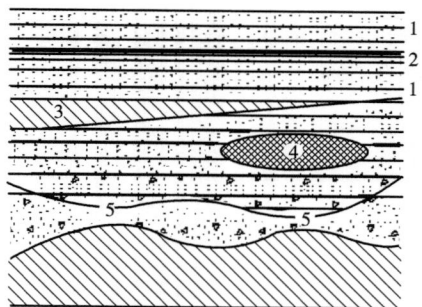

图3-8 沉积岩的产状
1-层状岩层;2-夹层;3-尖灭层;4-透镜体;5-狭缩

(1)平行层理。平行层理的层理面与层面相互平行。这种层理主要见于细粒岩石(黏土岩、粉细砂岩等)中。平行层理是在沉积环境比较稳定的条件下,如广阔的海洋和湖底、河流的堤岸带等,从悬浮物或溶液中缓慢沉积而形成的。

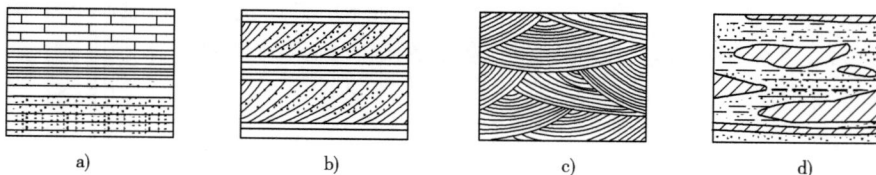

图3-9 沉积岩层理形态示意图
a)平行层理;b)斜交层理;c)交错层理;d)透镜体及尖灭层

(2)斜交层理。斜交层理的层理面向一个方向与层面斜交。这种层理在河流及滨海三角洲的沉积物中均可见到,主要是由单向水流所造成的。

(3)交错层理。交错层理的层理面以多组不同方向与层面斜交。交错层理经常出现在风成沉积物(如沙丘)或浅海沉积物中,是由于风向或水流动方向变化而形成的。

有些岩层一端厚,另一端逐渐变薄以至消失,这种现象称为尖灭层。若岩层中间厚,向两端不远处的距离内尖灭,则称为透镜体。

图 3-10　沉积岩层理形态照片
a)平行层理;b)斜交层理;c)交错层理

2. 层面构造

层面构造指在岩层层面上由于水流、风、生物活动等作用留下的痕迹,如波痕、泥裂、雨痕等。

(1)波痕。波痕是指沉积物在沉积过程中,由于风力、流水或海浪等的作用,在沉积岩层面上保留下来的波浪痕迹,它是沉积介质动荡的标志,见于岩层顶面(图 3-11)。

(2)泥裂。滨海或滨湖地带沉积物未固结时露出地表,由于气候干燥,日晒,沉积物表面干裂,发育成多边形的裂缝,裂缝断面呈"V"字形,并为后期泥、砂等填充(图 3-12)。

(3)雨痕、雹痕。是沉积表面受雨点或冰雹打击留下的痕迹。

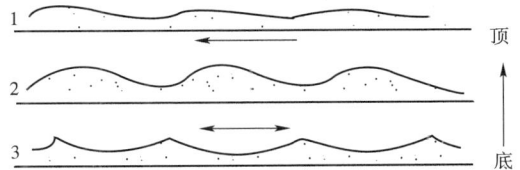

图 3-11　波痕
1-风成波痕;2-水流波痕;3-浪成波痕

3. 结核

指岩体中成分、结构、构造和颜色等不同于周围岩石的某些集合体的团块。常为圆球形、椭球形、透镜状及不规则形态。常见有硅质、钙质、磷质、铁锰质和黄铁矿结核等。如石灰岩中的燧石结核,主要是 SiO_2 在沉积物沉积的同时以胶体凝聚方式形成的;黄土中的钙质结核,是地下水从沉积物中溶解 $CaCO_3$ 后在适当地点再结晶凝聚形成的。

4. 生物构造

生物构造是生物遗体、生物活动痕迹和生态特征等,在沉积过程中被埋藏、固结成岩而保留的构造,如化石、虫迹、虫孔、生物礁体、叠层构造等。

在沉积过程中,若有各种生物遗体或遗迹(如动物的骨骼、甲壳、蛋卵、粪便、足迹及植物的根、茎、叶等)埋藏于沉积物中,后经石化交代作用保留在岩石中,则称为化石(图 3-13)。根据化石种类可以确定岩石形成的环境和地质年代。

此外,缝合线等也是沉积岩形成条件的反映。化石、缝合线等不仅对研究沉积岩很重要,而且对研究地史和古地理也有重要意义。

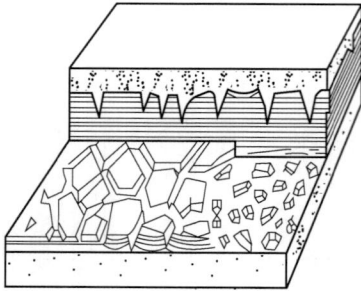

图 3-12 泥裂生成、掩埋示意图

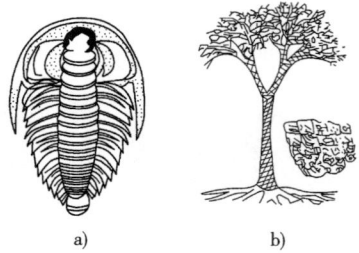

图 3-13 化石
a)雷氏三叶虫；b)鳞木

六、沉积岩分类

由于沉积岩的形成过程比较复杂，目前对沉积岩的分类方法尚不统一。通常主要是以沉积造岩物质的来源划分基本类型，而以沉积作用方式、成分、结构和构造等进行进一步划分，将沉积岩分为：火山碎屑岩、陆源沉积岩和内源沉积岩三大类（表 3-4）。

沉积岩分类简表　　　　　　　　　　　　　　表 3-4

岩类		结　构	主要岩石分类名称	主要亚类及其组成物质
火山碎屑岩		集块结构（粒径 >64mm）	火山集块岩	主要由大于 64mm 的熔岩碎块、火山灰等经压密胶结而成
		角砾结构（粒径 64~2mm）	火山角砾岩	主要由 2~64mm 的熔岩碎屑、晶屑、玻屑及其他碎屑混入物组成
		凝灰结构（粒径 <2mm）	凝灰岩	由 50% 以上粒径小于 2mm 的火山灰组成，其中有岩屑、晶屑、玻屑等细粒碎屑物质
陆源沉积岩	陆源碎屑岩	砾状结构（粒径 >2mm）	砾岩	角砾岩，由带棱角的角砾经胶结而成；砾岩，由浑圆的砾石经胶结而成
		砂质结构（粒径 2~0.05mm）	砂岩	石英砂岩，石英（含量 >90%）、长石和岩屑（<10%）；长石砂岩，石英（含量 <75%）、长石（>25%）、岩屑（<10%）；岩屑砂岩，石英（含量 <75%）、长石（<10%）、岩屑（>25%）
		粉砂质结构（粒径 0.05~0.005mm）	粉砂岩	主要由石英、长石及黏土矿物组成
	黏土岩	泥质结构（粒径 <0.005mm）	泥岩	主要由黏土矿物组成
			页岩	黏土质页岩，由黏土矿物组成；炭质页岩，由黏土矿物及有机质组成
内源沉积岩	碳酸盐岩	结晶结构及生物结构	石灰岩	泥灰岩，方解石（含量 50%~75%）、黏土矿物（25~50%）；石灰岩，方解石（含量 >90%）、黏土矿物（<10%）
			白云岩	灰质白云岩，白云石（含量 50%~75%）、方解石（25%~50%）；白云岩，白云石（含量 >90%）、方解石（<10%）

岩类		结 构	主要岩石 分类名称	主要亚类及其组成物质
内源沉积岩	其他	非晶质结构、隐晶质结构	硅质岩	富含 SiO_2（含量达 70%～90%），主要由非晶质的蛋白石、隐晶质的玉髓、晶质的自生石英组成
		隐晶质结构	磷质岩	主要由磷灰石组成

七、常见沉积岩

在各种沉积岩中,分布最广、最常见的只有三种,即页岩、砂岩和石灰岩。这三种岩石约占全部沉积岩总量的 99%。此外,在地表常可见到砂、砾石、卵石和黏土等松散沉积物。

1. 火山碎屑岩类

火山碎屑岩是由火山喷发作用形成的火山碎屑物质堆积、胶结而成的岩石。常见的岩石有火山角砾岩和凝灰岩。

（1）火山角砾岩。常见于火山锥。主要由火山砾、火山渣（粒径 2～50mm）组成者,称为火山角砾岩;主要由火山块（粒径 >50mm）组成者,则称为火山集块岩。

（2）凝灰岩。主要由火山灰组成,粒径小于 2mm 的火山碎屑占 90% 以上。颜色多为灰白、灰绿、灰紫或褐黑色。凝灰岩是分布最广的火山碎屑岩,宏观上有不规则的层状、似层状构造。凝灰岩抗风化能力弱,易风化蚀变成蒙脱石黏土。火山凝灰岩岩石孔隙率大,密度小,易风化,风化后会形成斑脱土,抗压强度一般为 8～75MPa。由于火山凝灰岩含有玻璃质矿物较多,常用来作为水泥原料。

2. 陆源碎屑岩类

陆源碎屑岩以具有矿物岩石的碎屑颗粒为特征。沉积的碎屑（在搬运过程中被不同程度磨圆）和黏土,主要是柔软而饱和水分的泥、砂和砾石,由于它们不断地沉积叠加作用,使先沉积的物质埋藏于后来沉积层之下,由此玉实,水分被挤出,并产生一定的化学变化,使泥、砂和砾石经胶结、固结作用后成岩。根据碎屑颗粒粒径和结构特点可分为:

（1）砾岩和角砾岩。碎屑岩中粒径大于 2mm 的碎屑颗粒,称为砾石或角砾。圆状和次圆状且砾石含量大于 50% 的岩石,称为砾岩。如果砾石为棱角状或次棱角状,则称为角砾岩。砾岩和角砾岩成分主要由岩屑组成,矿物成分多为石英、燧石,胶结物有硅质（成分为 SiO_2）、泥质（成分为黏土矿物）、钙质（成分为 Ca、Mg 的碳酸盐）或其他化学沉淀物。胶结物的成分与胶结类型对砾岩的物理力学性质有很大影响,若为基底胶结类型,且胶结物为硅质或铁质的砾岩,抗压强度可达 200MPa 以上,是良好的建筑物地基（图 3-14）。

（2）砂岩。由 50% 以上粒径 0.05～2mm 的具有砂状结构的岩石。碎屑成分常为石英、长石、白云母、岩屑及生物碎屑等。颜色多样,随砂屑与填隙物成分而异。按粒径大小可分为粗粒、中粒及细粒砂岩等。砂岩的定名通常根据碎屑成分、胶结物和基质成分来命名,如碎屑主要为粗粒石英,其次为岩屑,基质为黏土质,则可称为粗粒黏土质岩屑石英砂岩。也可以仅根据颜色命名,如紫红色砂岩、灰绿色砂岩等。砂岩中胶结物成分和胶结类型不同,抗压强度也不同。硅质砂岩抗压强度为 80～200MPa;泥质砂岩抗压强度较低,为 40～50MPa 或更低。

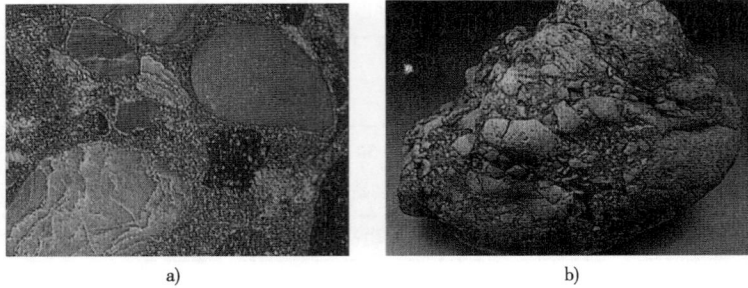

图 3-14 砾岩与角砾岩(罗筼,2011)

a)砾岩;b)角砾岩

(3)粉砂岩。颜色多样;由50%以上粒径0.005~0.05mm的具有粉砂状结构的岩石。碎屑成分常为石英及少量长石与白云母。命名同砂岩(图3-15)。

3.黏土岩类

黏土岩主要是指由粒径小于0.005mm的颗粒组成的、含大量黏土矿物的岩石。此外,黏土岩还含有少量的石英、长石、云母。黏土岩一般都具有可塑性、吸水性、耐火性,具有重要的工程意义。主要的黏土岩有两种,即泥岩和页岩。

(1)泥岩。是由弱固结的黏土经脱水、固结而形成的。泥岩层理不明显,常呈厚层状、块状;具有泥质结构。强度较低,一般干试样的抗压强度约在5~35MPa之间,遇水易泥化,强度显著降低。

(2)页岩。颜色不一,多呈灰色、黑色、棕色等。页岩的成分、成因同泥岩,因具有明显的页片状层理,故称为页岩(图3-16)。岩石具有泥质结构,页理构造。页岩硬度低、致密、不透水。页岩由于基本不透水,通常被作为隔水层。但页岩性质软弱,抗压强度一般为20~70MPa或更低,浸水后强度显著降低,抗滑稳定性差。

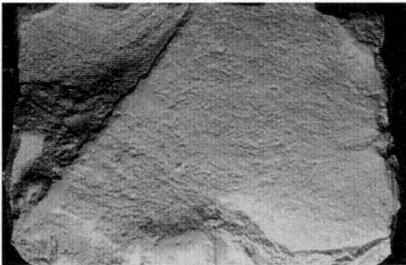

图 3-15 泥质粉砂

图 3-16 页岩

4.化学岩和生物化学岩类

(1)石灰岩。石灰岩简称灰岩,颜色多为深灰、浅灰,质纯灰岩呈白色,主要化学成分为碳酸钙,矿物成分以结晶的细粒方解石为主,其次含少量白云石等矿物,具有致密块状或层理构造,化学结构。另外,由于沉积环境不同,常形成一些特殊结构的石灰岩。如鲕状、竹叶状、豆状等灰岩。石灰岩一般遇酸起泡剧烈。石灰岩一般抗压强度为40~80MPa。石灰岩具有可溶性,易被地下水溶蚀,形成宽大的裂隙和溶洞,是地下水的良好通道和烧制石灰、水泥的重要原材料,也是用途很广的建筑石材。

（2）白云岩。颜色多为灰白、浅灰色，主要由白云石组成，含泥质时呈浅黄色，隐晶质或细晶粒状结构。其硬度和耐风化程度较石灰岩略大。白云岩与石灰岩的外貌很相似，但白云岩加冷稀盐酸不起泡或微弱起泡，在野外露头上常以许多纵横交叉似刀砍状的溶沟为其特征，纯白云岩可作耐火材料。

（3）泥灰岩。泥灰岩颜色有灰色、黄色、褐色、红色等，石灰岩中均含有一定数量的黏土矿物，若含量达25%～50%，则称为泥灰岩。区别它与石灰岩时，泥灰岩滴盐酸起泡后留有泥质斑点。泥灰岩致密结构，易风化，抗压强度低，一般为6～30MPa。较好的泥灰岩可作为水泥原料。

（4）硅质岩。常为红色、暗红色、灰绿色等。化学成分为 SiO_2，组成矿物为微晶石英或玉髓，少数情况下为蛋白石。含有机质的硅质岩为灰黑色，富含氧化铁的硅质岩称为碧玉，呈结核状产出者称为燧石结核；少数质轻多孔的硅质岩称为硅华；具有不同颜色的同心圆环带状构造者，称为玛瑙。富含黏土、具成层性者，称为硅质页岩。

八、沉积岩的识别与鉴定

1. 鉴定沉积岩的步骤

（1）首先观察岩石的结构。如果岩石为碎屑结构，还要看碎屑颗粒的大小、形态及其他特点，确定其成分和含量，最后观察胶结物的成分。根据上述特征先查阅碎屑岩分类命名的资料，便可对岩石定名。

（2）如果岩石为非碎屑结构，也不是结晶结构，且质地细，那可能是泥质结构。泥质的矿物成分肉眼难以分辨，如能确认部分物质是炭质、钙质，可命名为炭质泥岩或钙质泥岩。上述岩石如有页理构造时可称为炭质页岩或钙质页岩。

（3）如果岩石中的碎屑颗粒和胶结物都是方解石时，根据颗粒的特点可分别命名为砂屑灰岩、鲕粒灰岩、生物碎屑灰岩等。

2. 沉积岩的鉴别方法

1）判定所属大类

先从观察岩石的结构开始，结合岩石的其他特征先分出所属大类（碎屑岩、黏土岩、化学岩）。碎屑岩用手触摸时有粗糙感，部分碎屑岩可以用肉眼区分其碎屑颗粒的大小，判断所属亚类。黏土岩颗粒细小，不易观察，但是触摸时有滑腻感，硬度低，具有塑性，断裂面暗淡，呈土状。化学岩具有结晶结构，它一般比较致密，少数有重结晶现象。

2）根据每类的特征进一步分析确定岩石的名称

（1）碎屑岩类。按颗粒的大小划分亚类。砾岩和角砾岩一般颗粒粗大，显而易见；砂岩颗粒大小可用肉眼或放大镜观察，手感粗糙；粉砂岩用手沾水触摸时有细砂感外，还有泥质黏手指现象。对于碎屑岩类还可以按颗粒形状、主要矿物和次要矿物成分特征描述。

（2）黏土岩类。主要根据有无明显的层理特征来区分，页理发育的是页岩；页理不发育的是泥岩。

（3）化学岩类。在肉眼观察时，主要看它们对稀盐酸的反应情况来区分：石灰岩剧烈反应；白云岩微弱反应；泥灰岩剧烈反应，但泡沫混浊，干后留有泥点。

第三节 变 质 岩

一、变质岩的基本概念

变质岩为组成地壳三大岩类之一,由于其所具有的特性,使其成为地质科学研究的重点之一。变质岩含有远古代地球演化的历史痕迹,是研究地球演化的重要对象;同时,很多宝石、汉白玉等都是属于变质岩的。变质岩中具有一些片理构造的岩石,是属于软弱地带,在城市轨道交通工程建设中,应予以重视。

随着地壳的不断演化,岩石所处的地质环境也在不断改变,为了适应新的地质环境和物理 – 化学条件的变化,其矿物成分、结构和构造就会发生一系列改变。地壳内部原有的岩石(岩浆岩、沉积岩和原有变质岩),由于受到高温、高压及化学成分加入的影响,改变原有矿物的成分和结构、构造形成的新岩石,就称为变质岩。这种由地球内力作用引起的岩石改造和变化的作用称之为变质作用。由变质作用所形成的新岩石称为变质岩。其中由岩浆岩形成的变质岩叫正变质岩,由沉积岩形成的变质岩叫副变质岩。

变质岩占地壳总体积的 27.4% ,但在地球表面分布范围较小,也不均匀。地史中(寒武纪以前)较古老的岩石大都是变质岩。

二、变质作用的因素及类型

引起变质作用的因素有温度、压力及化学活动性流体。变质温度的基本来源包括地壳深处的高温、岩浆及地壳岩石断裂错动产生的高温等。引起岩石变质的压力包括上覆岩石重力引起的静压力、侵入于岩体空隙中的流体所形成的压力以及地壳运动或岩浆活动产生的定向压力。化学活动性流体则是以岩浆、H_2O、CO_2 为主,还包含其他一些易挥发、易流动物质的流体。

根据变质作用的地质成因和变质作用因素,将变质作用分为以下几种类型(图3-17、图3-18)。

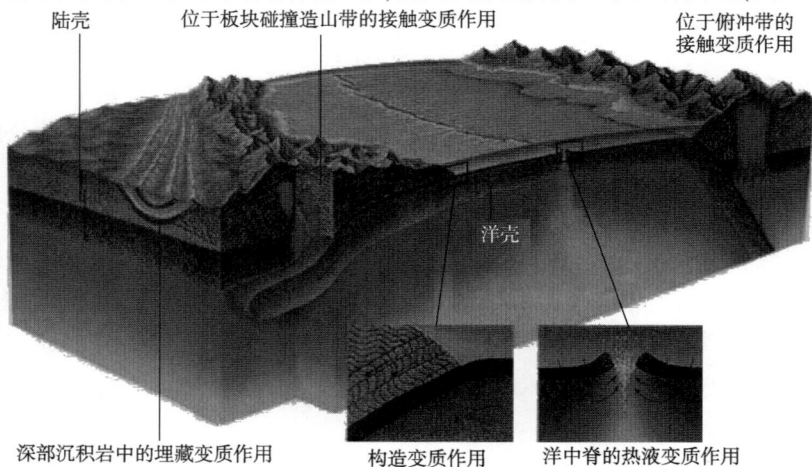

图 3-17 变质作用

1. 接触变质作用

接触变质作用是由岩浆散发的热量和析出的气态和液态溶液引起的变质作用。主要发生在岩浆体周围接触带的围岩中。根据变质过程中侵入体与围岩间有无化学成分的相互交代,接触变质作用可分为热接触变质作用和接触交代变质作用两种类型。

(1)热接触变质作用:以热力(温度)作用为主。变质作用过程中原岩主要发生重结晶,化学成分没有显著改变。如石灰岩变为大理岩,砂岩变为石英砂岩等。

(2)接触交代变质作用:除热力作用外,变质作用过程中伴随有交代作用。原岩的化学成分发生显著改变。接触交代变质作用主要发生在酸性、中性侵入体与石灰岩的接触带,而且往往产生矽卡岩。

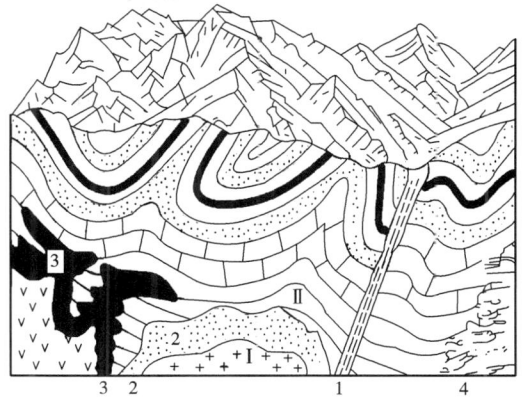

图 3-18   变质作用类型示意图

Ⅰ-岩浆岩;Ⅱ-沉积岩;1-动力变质作用;2-热接触变质作用;3-接触交代变质作用;4-区域变质作用

2. 动力变质作用(碎裂变质作用)

在构造运动所产生的定向压力作用下,岩石发生的变形、破碎以致重结晶的作用,称为动力变质作用。主要发生在地壳较浅的部位、构造变形强烈的断裂带附近,多呈狭长带状分布。

3. 气化水热变质作用(热液交代变质作用)

具有化学活动性的气态或液态溶液,对岩石进行交代而使岩石发生变质的一种作用。这些溶液既可来自岩浆体的挥发成分,也可来自地壳内与岩浆体无关的区域性分布的热水。只要条件适合就可以发生交代变质作用。

4. 区域变质作用

由温度、均向压力、定向压力和具有化学活动性的流体的综合作用所造成。有时伴有混合岩化作用。区域变质作用分为:高压区域变质作用、中压区域变质作用、低压区域变质作用,分别形成深变质带、中变质带、浅变质带。一般分布范围广,延续时间长,具有区域性。在山东泰山、山西五台山、河南嵩山等地的古老变质岩都是由区域变质作用形成的。区域变质岩的岩性在很大范围内比较均一,其强度决定于岩石本身的结构、构造和矿物成分。

5. 混合岩化作用

在区域变质作用基础上地壳内部热流继续升高,便产生深部热液和局部重融熔浆的渗透、交代,贯入于变质岩中形成混合岩,这种作用称混合岩化作用。混合岩化作用多是区域变质作用进一步深化的结果。

6. 复变质作用

指岩石经受不同变质阶段多次叠加的变质作用。原来比较高温的变质矿物共生组合被低温的矿物所取代,这样的复变质作用称为退化变质作用,反之称进化变质作用。

变质作用一般不改变原生岩石的产状,因此产状不能作为变质岩的特征。但是由于受到强烈的挤压,原生岩石的产状也可能发生某些变化,例如原生岩体在压力作用方向上受到强烈的压缩等。

三、变质岩的成分

1. 变质岩的化学成分

变质岩的化学成分比较复杂,主要仍由 SiO_2、Al_2O_3、Fe_2O_3,FeO、MnO、CaO、MgO、K_2O、Na_2O、H_2O、CO_2 以及 TiO_2、P_2O_5 等组成。但不同的变质岩,其化学成分差别较大,如石英岩中 SiO_2 的含量高达 90%,而在大理岩中,几乎不含 SiO_2。

2. 变质岩的矿物成分

变质岩矿物成分的最大特征是具有变质矿物——变质作用中形成的,仅稳定存在于很狭窄的温度—压力范围内的矿物,它对外界条件的变化反应很灵敏,所以常常成为变质岩形成条件的指示矿物,变质矿物是鉴定变质岩的可靠依据。常见的变质矿物有石榴子石、红柱石、滑石、石墨、十字石、蓝晶石、硅线石等。

有时绿泥石、绢云母、刚玉、蛇纹石和石墨等矿物在变质岩中大量出现,这也是变质岩的一个鉴定特征。同时,这些矿物具有变质分带指示作用,如绿泥石、绢云母多出现在浅变质带,蓝晶石代表中变质带,而硅线石则存在于深变质带中,因此把这类矿物称为标准变质矿物。

除变质矿物外,变质岩的主要造岩矿物是石英、长石、云母、普通角闪石、普通辉石、橄榄石、磁铁矿、赤铁矿、菱铁矿、磷灰石、方解石、白云石等,与岩浆岩和沉积岩共有的矿物。

四、变质岩的结构

变质岩的结构按成因可分为变晶结构、变余结构、碎裂结构。

1. 变晶结构

变晶结构是岩石在变质过程中经重结晶或重新组合而形成的结构。按矿物的粒度分为等

（黑云母斜长角闪岩,$d=2.5mm$）

图 3-19 等粒变晶结构

1-黑云母;2-角闪石;3-斜长石

粒变晶结构(图 3-19)、不等粒变晶结构及斑状变晶结构。矿物颗粒的形状分为粒状变晶结构、鳞片状变晶结构、纤维状变晶结构等。

2. 变余结构

变余结构又称残余结构,由于变质重结晶作用不彻底,还保留着原岩的矿物成分和结构特征。如泥质砂岩变质时,泥质胶结物变成绢云母和绿泥石,而其中碎屑物质(如石英)不发生变化,便形成变余砂状结构。还有其他的变余结构,如与岩浆岩有关的变余斑状结构、变余花岗结构等。其命名只要在原岩的结构名称前加上"变余"二字即可。

3.碎裂结构

碎裂结构是指在定向压力作用下,原岩及其中的矿物发生弯曲变形、破裂,甚至粉碎后,又被胶结起来的一种结构。例如糜棱结构、碎裂结构。

五、变质岩的构造

变质岩的构造与岩浆岩及沉积岩有着显著的区别,是鉴定变质岩的可靠特征。在大多数情况下,构成变质岩的片状、针状或柱状矿物在定向压力作用下呈连续或断续地平行排列,沿此排列方向易使岩石裂开成薄片,这种特性称为片理。裂开的面称为片理面。片理延伸不远,片理面可能是平的、弯曲的或波状的,并且平滑光亮,据此可与沉积岩的层理及层理面相区别。

根据片理面特征、变质程度等特点,片理构造可进一步分为板状构造、千枚状构造、片状构造、片麻状构造、块状构造和变余构造。

(1)板状构造。又称板理,指具有柔性的页岩、泥质等受应力后产生一组平行破裂面,使岩石易劈成薄板的构造,称为板状构造。是板岩具有的构造。岩石中矿物颗粒细小,肉眼不能分辨。

(2)千枚状构造。主要由重结晶的细小片状矿物定向排列而成,片理清楚,片理面上见有明显丝绢光泽和细小皱纹状或揉皱状构造。是千枚岩具有的构造。岩石中各组分已基本重结晶,但结晶程度不高,而使得肉眼尚不能分辨矿物。

(3)片状构造。变质岩中最常见、最典型的构造。由大量的片状、柱状变晶矿物彼此呈连续的定向平行排列、形成清楚的薄面,这就是片状构造。是片岩具有的构造。岩石中各组分全部重结晶,肉眼可分辨矿物颗粒。

(4)片麻状构造。又称片麻理。是指以长石为主的粒状矿物在伴有成平行定向排列的片、柱状矿物间成断续的带状分布。片麻状构造中矿物的重结晶程度高,颗粒粗大易识别。其中如长石类矿物颗粒粗大,呈似球状者又称为眼球状构造。

(5)块状构造。当变质作用中没有定向、高压这些因素时,由于受温度和静压力的联合作用,粒状矿物均匀分布,无定向排列。部分大理岩和石英岩具此种构造。这种构造与火成岩的块状构造相似,但又不完全一样。

(6)变余构造。是指变质岩中残留的原岩的构造,如变余层状构造、变余泥裂构造、变余气孔构造等。变余构造多见于变质程度不深的变质岩中。

六、变质岩分类

按照变质岩的成因,可将变质岩分为接触变质岩、动力变质岩和区域变质岩三类。区域变质岩可首先按构造进行分类命名,然后可根据矿物成分进一步定名,如具有片状构造的岩石叫片岩,若片岩中含绿泥石较多,则可进一步定名为绿泥石片岩。凡具有块状构造和变晶结构的岩石,首先按矿物成分命名,如石英岩;也有按地名命名的,如大理岩。动力变质岩则主要根据岩石结构分类定名。变质岩分类归纳于表3-5。

变质岩分类简表 表 3-5

岩类	构造	岩石名称	主要亚类及其矿物成分
片理状岩类	板状	板岩	矿物成分为黏土矿物、绢云母、石英、绿泥石、黑云母、白云母等
	千枚状	千枚岩	以绢云母为主,其次为石英、绿泥石等
	片状	片岩	云母片岩:以云母、石英为主,其次为角闪石等 滑石片岩:以滑石、绢云母为主,其次为绿泥石、方解石等 绿泥石片岩:以绿泥石、石英为主,其次为滑石、方解石等
	片麻状	片麻岩	花岗片麻岩:以正长石、石英、云母为主,其次为角闪石,有时含石榴子石 角闪石片麻岩:以斜长石、角闪石为主,其次为云母,有时含石榴子石
块状岩类	块状	大理岩	以方解石为主,其次为白云石等
		石英岩	以石英为主,有时含有绢云母、白云母等

七、常见变质岩的特征

(1)片麻岩。多呈肉红色、灰色、深灰色。粒状变晶结构;片麻状构造或眼球状构造。主要矿物成分为长石、石英,其次为黑云母、角闪石和石榴子石等。岩石的物理力学性质视其含有矿物成分的不同而不同,一般强度较高,抗压强度达 120 ~ 200MPa,若云母含量增多且富集在一起时,则强度大为降低。

(2)片岩类。多呈灰色、黑色、深绿色等;鳞片变晶结构;片状构造;主要矿物为云母、石英,其次为角闪石、绿泥石、滑石、石墨、石榴子石、绢云母、黑云母、白云母等,以不含长石区别于片麻岩(图 3-20a)。片岩按所含矿物成分不同可分为云母片岩、绿泥石片岩、角闪石片岩、滑石片岩等。岩石中由于片状矿物含量高,具有定向排列,易风化剥落,抗风化能力差,岩石强度低,沿片理方向易裂解,不易作为建筑材料。

a) b)

图 3-20 变质岩
a)片岩;b)千枚岩

(3)千枚岩。多呈绿色、黑色、黄灰色、棕褐色等;一般具有细粒鳞片变晶结构,千枚状构造;多由黏土矿物、粉砂岩变质而成,主要矿物为绢云母、黏土矿物、石英、绿泥石、斜长石等新生矿物组成。岩石片理面上具有丝绢光泽和微细皱纹状(图 3-20b)。千枚岩性质软弱,易风化破碎,在荷载作用下容易产生蠕动变形和滑动破坏。

(4)板岩。常呈灰至灰黑色、灰绿色。变余泥质结构,板状构造(图 3-21)。主要矿物成分为黏土矿物,次要矿物是少量的细小石英、铁质和炭质粉末及新生的矿物绢云母和绿泥石,绝大部分矿物为隐晶质。岩石质地脆硬,敲打时发出清脆的响声,板理面上具丝绢光泽。按颜色和杂质成分可进一步命名,如黑色板岩、钙质板岩等。板岩透水性很弱,可作隔水层。

(5)石英岩。常呈白色、灰白色等。粒状变晶结构,块状构造。矿物成分中石英含量 >

85%,其次含少量长石、白云母等。岩石坚硬,抗风化能力强。岩块抗压强度在300MPa以上,可作为良好的建筑物地基。但因性脆,石英岩较易产生密集性裂隙,形成渗漏通道,所以应采取必要的防渗措施。

(6)大理岩。白色、灰白色等。粒状变晶结构;块状构造。主要矿物成分为方解石、白云石等组成,与冷稀盐酸作用起泡。洁白细粒大理岩(汉白玉)和带有各种条带、花纹的大理岩是优良的装饰材料和建筑材料。大理岩硬度小,与盐酸作用起泡,所以很容易鉴别,具有可溶性,强度随其颗粒胶结性质及颗粒大小而异,抗压强度一般为50~120MPa。

图3-21　板岩

八、变质岩的识别与鉴定

1.观察鉴定变质岩标本的方法

1)首先观察变质岩的构造和结构

岩石有无定向构造;岩石是结晶的还是不结晶的。

(1)有明显定向构造的全结晶的岩石。片状构造:绿泥石片岩、云母片岩。片麻状构造:片麻岩、混合岩。

(2)有定向构造无结晶矿物或微晶及部分结晶的岩石:可能是板岩、千枚岩、糜棱岩。

(3)无定向构造(块状)结晶的岩石:可能是石英岩、大理岩,如果矿物成分复杂有可能是角岩、矽卡岩。

2)观察鉴定变质岩石的矿物成分

(1)变质岩中特有的矿物:石墨、滑石、蛇纹石、红柱石、矽线石、蓝晶石、堇青石、硅灰石、蓝闪石。

(2)经常较多地出现在变质岩中的矿物,除上述(1)的几个矿物外在变质岩中有石榴石、阳起石、透闪石、绿帘石、透辉石、绿泥石等。

(3)在岩浆岩、沉积岩、变质岩中均出现的矿物:长石、石英、云母、方解石。角闪石、辉石和镁橄榄石不出现在沉积岩中,但黄土例外。可以看出,变质岩的矿物组成要比沉积岩、岩浆岩复杂得多,但是它们有一定的组合规律。

3)变质岩的命名

(1)变质岩的颜色。变质岩的颜色一般不参加命名,但有些特殊的岩石专门以颜色命名,像绿片岩。除此而外变质岩的颜色可以帮助我们推测可能存在的变质矿物。例如,岩石为淡色——白色,可能含方解石、白云石、石英、长石、绢云母,深色岩石可能含角闪石、绿泥石、黑云母、炭质、铁质,淡色矿物中硬度较小,加稀盐酸有反应的可能是方解石或白云石。

(2)岩石命名原则。除绿片岩外一般变质岩命名是用矿物成分+变质岩构造,例如云母片岩、角闪斜长片麻岩。有些特殊成因的变质岩有专用名称,像角岩、矽卡岩、大理岩等。

2.鉴定变质岩时应注意的问题

(1)注意区别岩浆岩中的斑状结构与变质岩的斑状变晶结构。岩浆岩中的斑晶主要是长石、石英、角闪石、辉石。变斑晶常常是石榴石、红柱石、蓝晶石、方柱石等,且多具片状和片麻状构造。

(2)注意区分片理构造与沉积岩的层理构造。

(3)变质岩的结构虽不参加岩石命名,但对鉴定岩石有重要意义,它是区别不同成因,不同变质程度的依据,如板岩—千枚岩—片岩。

第四节　岩石工程性质

岩石不仅是地质、地貌、地质构造的物质基础,而且还是人类工程建筑物的载体和原料,它的工程性质对建筑物有极大的影响。因此我们在识别了各大类岩石特性的基础上,还应该对岩石的工程性质有一个较为概括的认识。岩石的工程性质通常包括:物理性质、水理性质和力学性质。

一、岩石的物理性质

岩石的物理性质是由岩石结构中矿物颗粒的排列形式及颗粒间孔隙的连通情况所反映出来的特性。孔隙中或有水、或有气、或二者皆有,由此可见,岩石的物理性质决定于岩石的固相、液相和气相三者的比例关系,它是评价岩基承载力、计算边坡稳定系数、选配建筑材料所必须测试的基本指标。通常从岩石的相对密度、密度和孔隙性三个方面来分析。

1. 岩石的相对密度(G)

岩石的相对密度是指岩石固体部分的质量(不包括孔隙)与其同体积 4℃ 水的质量的比值。

测试岩石相对密度的方法:取适量的石料,经细粉机粉碎,过 0.25mm 筛后,烘干冷却,再用比重瓶法测定之(这一试验将在土质部分进行)。

岩石相对密度的大小取决于组成岩石的矿物的相对密度及其在岩石中的相对含量。含铁镁质矿物较多的岩石相对密度要大,所以基性和超基性岩石要比酸性岩的相对密度大。常见岩石的相对密度一般介于 2.5~3.3 之间。

2. 岩石的密度(ρ)

岩石的密度是指包括孔隙在内的单位体积岩石的质量,即岩石的总质量(包括孔隙中的水和气的质量)与其总体积之比。计算公式为:

$$\rho = \frac{m}{V} = \frac{m_s + m_w + m_a}{V} = \frac{m_s + m_w}{V} \tag{3-1}$$

式中:ρ——岩石的密度(g/cm^3);

　m——岩石的总质量(g);

　m_s——岩石固体部分的质量(g);

　m_w——岩石孔隙中水分的质量(g);

　m_a——岩石孔隙中气体的质量(视为 0,可忽略不计);

　V——岩石的总体积(cm^3)。

岩石的总质量 m 值中包含着固体部分的质量 m_s 和孔隙中所含天然水分的质量 m_w，故常称为岩石的天然密度。

岩石密度的大小取决于组成岩石的矿物密度、孔隙性及其含水情况；它是评价岩石密实程度和坚固性的指标。

如果岩石中的孔隙、裂隙全部被水充满时，则称为饱和密度；如果岩石中的孔隙、裂隙里完全没有水存在(或者被烘干)时，则称为干密度。但是，一般岩石的孔隙、裂隙不大，尤其是未经风化的岩石；加之岩石的孔隙、裂隙之间又不一定完全连通，甚至有些是相互隔绝的，如浮岩的气孔构造就是处于彼此封闭的状态，因此，区分岩石不同特征的密度的意义不大。

测试岩石密度的方法视试样的情况而定：规则试样用"尺量法"、不规则试样用"液量法"、易碎试样用"蜡封法"。常见岩石的密度一般介于 2.3~3.1 之间。

3. 岩石的孔隙性

岩石的孔隙性是指岩石孔隙和裂隙发育的程度。岩石孔隙、裂隙的大小、多少及其连通情况等，对岩石的强度和透水性有着重要的影响。岩石的孔隙性，一般用孔隙度或孔隙比来表示。

(1)岩石的孔隙度(n)

岩石的孔隙度(也称孔隙率)是指岩石中孔隙、裂隙的体积 V_v 与岩石总体积 V 的百分率。其公式为：

$$n = \frac{V_v}{V} \times 100\% \qquad (3\text{-}2)$$

岩石孔隙度的大小，主要取决于岩石的结构和构造，也受到外力因素的影响。未受风化或构造作用的侵入岩和某些变质岩，其孔隙度一般都很小；而砾岩、砂岩等沉积岩的孔隙度较大。

(2)岩石的孔隙比(e)

岩石的孔隙比(简称隙比)是指岩石中孔隙、裂隙的体积 V_v 与该岩石内固体矿物颗粒的体积 V_s 的比值，一般用小数表示，公式为：

$$e = \frac{V_v}{V_s} \qquad (3\text{-}3)$$

岩石的孔隙性对岩石的影响很大。随着岩石孔隙度的增大，透水性增大，岩石的强度降低，削弱了岩石的整体性；同时，又由于孔隙的存在，加大了岩石内部与水、气接触面积，加快了风化速度，使孔隙又不断增大。

二、岩石的水理性质

岩石的水理性质是指岩石在水的作用下所表现的某些特性。通常包括吸水性、软化性和抗冻性等。

1. 岩石的吸水性

岩石在一定试验条件下的吸水性能，称为岩石的吸水性。吸水性的指标一般用吸水率和饱水率来测定。

（1）吸水率（W_1）

吸水率是指在常压 1atm 下所吸水分的质量 m_{w1} 与干燥岩石质量 m_s 比值，用百分率表示。公式为：

$$W_1 = \frac{m_{w1}}{m_s} = \frac{常压下吸水量（g）}{干燥岩石质量（g）} \times 100\% \qquad (3-4)$$

实测时应先将岩样烘干称质量，即得 m_s；然后浸入水中，在常压下浸泡 24h，擦干试样表面水分后称质量，即得 $m_s + m_{w1}$ 之质量，减去 m_s 即为 m_{w1}；最后算出两者的百分率，就是该岩样的吸水率。

岩石吸水率的大小与岩石中孔隙、裂隙的数量、大小、开闭、连通与否等情况密切相关。岩石的吸水率大，则对岩石内部发生的浸湿、软化作用就强，其强度和稳定性就要受到影响。

（2）饱水率（W_2）

饱水率是指岩石在高压（15MPa）或真空条件下所吸水分的质量 m_{w2} 与干燥岩石质量 m_s 的比值，用百分率表示。公式为：

$$W_2 = \frac{m_{w2}}{m_s} = \frac{15MPa 气压或真空下吸水量（g）}{干燥岩石质量（g）} \times 100\% \qquad (3-5)$$

在一般条件下不易获得 15MPa 的高压时，可采用抽气真空法或煮沸法，使水分充分浸入岩石的孔隙、裂隙之中，以求得岩样的最大可能的吸水能力。

（3）饱水系数（K_w）

饱水系数是指岩石的吸水率 W_1 与饱水率 W_2 的比值。公式为：

$$K_w = \frac{W_1}{W_2} = \frac{吸水率}{饱水率} \qquad (3-6)$$

饱水系数还可以理解为：岩石孔隙中的天然含水量与岩石总孔隙中最大可能吸水量的比值。饱水系数愈大，表明岩石的吸水能力愈强，受水作用愈加显著。这一指标对评价岩石的抗冻性很有意义，一般认为饱水系数 $K_w < 0.8$ 的岩石抗冻性较高。

2. 岩石的软化性

岩石受水的浸泡作用后，其力学强度和稳定性趋于降低的性能，称为岩石的软化性。软化性的大小，取决于岩石的孔隙性、矿物成分以及岩石的结构、构造等因素。凡孔隙度大、含亲水性或可溶性矿物多、吸水率高的岩石，受水浸泡后，岩石内部颗粒间的连接强度降低，导致岩石软化。

表示岩石软化性的指标是软化系数 η，即岩石在饱水状态下的抗压强度 R_w 与干燥状态下的抗压强度 R_c 的比值，用小数表示。公式为：

$$\eta = \frac{R_w}{R_c} \qquad (3-7)$$

软化系数是判定岩石耐风化、耐水浸能力的指标之一。软化系数值愈小，则岩石的软化性愈大；反之，软化系数值愈大，则岩石的软化性愈小。软化系数值通常小于1。

当 $\eta > 0.75$ 时，属弱软化或不易软化的岩石，为抗水、抗风化和抗冻性强的岩石，如未受风化作用的岩浆岩和某些变质岩，均属此类。

当 $\eta < 0.75$ 时，一般属于易软化的岩石，其工程性质较差，如沉积岩类的大部分均属

此类。

在工程实践中,对岩石软化系数的测定,有助于我们间接评价岩石的抗风化性和抗冻性。

3. 岩石的抗冻性

岩石的抗冻性是指岩石抵抗冻融破不的性能。在严冬或高寒地区,岩石孔隙、裂隙中的水对岩石产生冰劈作用,使岩石受到破坏。岩石的抗冻性与岩石内部结构及其吸水率有关,它是评价岩石工程性质的重要指标之一。软化系数小的岩石,其抗冻性也较小,反之则较大;饱水系数小的岩石,其抗冻性较高。

测试岩石抗冻性的指标,常采用以下两种:

(1) 强度损失率 (R_1)

强度损失率是指冻融前后饱和岩样抗压强度之差值 ($R_2 - R_1$) 与冻融前饱和抗压强度值 R_2 的比值,用百分率表示。公式为:

$$R_1 = \frac{R_2 - R_1}{R_2} \times 100\%$$ (3-8)

(2) 质量损失率 (K_d)

质量损失率是指冻融试验前后,干试样的质量差数 ($m - m_1$) 与试验前干试样质量 m 的比值,用百分率表示。公式为:

$$K_d = \frac{m - m_1}{m} \times 100\%$$ (3-9)

在冻融试验中,试件(岩样)会出现开裂、片落、棱角脱落和其他破坏现象,使试样失掉一部分质量,失去的质量愈多,则表明岩石的抗冻性愈差。

冻融试验是先将岩样浸泡,使之饱和,然后在 -25℃ 下冷冻,冻后融化,融后再冻,如此反复冻融 10 ~ 25 次(次数依据当地气候而定)。

一般认为:凡 $R_1 < 25\%$,$K_d < 2\%$,$W_1 < 0.5\%$,$\eta > 0.75$ 的岩石是抗冻的岩石。

现将常见岩石的物理性质和水理性质的有关指标列于表 3-6 中。

常见岩石的物理性质和水理性质指标表 表 3-6

岩石名称	相对密度	天然密度 (g/cm³)	孔隙率 (%)	吸水率 (%)	软化系数
花岗岩	2.50 ~ 2.84	2.30 ~ 2.80	0.04 ~ 2.80	0.1 ~ 0.70	0.75 ~ 0.97
闪长岩	2.60 ~ 3.10	2.52 ~ 2.96	0.25 左右	0.30 ~ 0.38	0.60 ~ 0.84
辉长岩	0.70 ~ 3.20	2.55 ~ 2.98	0.29 ~ 1.13		0.44 ~ 0.90
辉绿岩	2.60 ~ 3.10	2.53 ~ 2.97	0.29 ~ 1.13	0.80 ~ 5.00	0.44 ~ 0.90
玄武岩	2.60 ~ 3.30	2.54 ~ 3.10	1.28 左右	0.30 左右	0.71 ~ 0.92
砂岩	2.50 ~ 2.75	2.20 ~ 2.70	1.60 ~ 28.30	0.20 ~ 7.00	0.44 ~ 0.97
页岩	2.57 ~ 2.77	2.30 ~ 2.62	0.40 ~ 10.00	0.51 ~ 1.44	0.24 ~ 0.55
泥灰岩	2.70 ~ 2.75	2.45 ~ 2.65	1.00 ~ 10.00	1.00 ~ 3.00	0.44 ~ 0.54
石灰岩	2.48 ~ 2.76	2.30 ~ 2.70	0.53 ~ 27.00	0.1 ~ 4.45	0.58 ~ 0.94
片麻岩	2.63 ~ 3.01	2.60 ~ 3.00	0.30 ~ 2.40	0.10 ~ 3.20	0.91 ~ 0.97

续上表

岩石名称	相对密度	天然密度(g/cm^3)	孔隙率(%)	吸水率(%)	软化系数
片 岩	2.75~3.02	2.69~2.92	0.02~1.85	0.10~0.20	0.49~0.80
板 岩	2.84~2.86	2.70~2.78	0.45左右	0.10~0.30	0.52~0.82
大理岩	2.70~2.87	2.63~2.75	0.10~6.00	0.10~0.80	
石英岩	2.63~2.84	2.60~2.80	0.00~8.70	0.10~1.45	0.96左右

三、岩石的力学性质

岩石的力学性质是指岩石抵抗外力作用的性能。岩石在外力作用下,首先是变形,当外力继续增加,达到或超过某一极限时,便开始破坏。通常把岩石遭到破坏时的强度,称为岩石的极限强度。

岩石的变形与破坏,是岩石受力后发生变化的两个阶段。变形中隐藏着破坏因素,而破坏则是变形发展的终极。现着重研究岩石的强度。

岩石在荷载作用下发生变形,随着荷载的增加,变形加剧,岩石内部开始出现极细微的裂缝;若外部荷载继续增加,当达到和超过某一数值时,裂缝扩展成破裂面,于是岩石变形就转化为岩石破坏。岩石开始破坏时所能承受的荷载为极限荷载,用平均应力表示时,则称为岩石的极限强度,又常简称为强度。

根据岩石所受外力性质的不同、加载的方式不同,可将岩石的强度分为四种类型:抗压强度、抗拉强度、抗剪强度和抗剪切强度等。其中以抗压强度和抗剪强度为主要类型。

1. 抗压强度(R)

抗压强度是指岩石单向受压时,所能承受的最大压力,用 R 表示,单位为 Pa。公式为:

$$R = \frac{P}{A} \tag{3-10}$$

式中:R——岩石抗压强度(Pa);

P——岩石破坏时的总压力(N);

A——岩石受压横截面积(m^2)。

抗压强度通常是在室内用压力机对岩样(试件)进行加压试验。试件的尺寸大小和形状要求规格化,目前试件多采用立方体或直径与高相等的圆柱体:5cm-5cm-5cm(或 7cm-7cm-7cm)或 ϕ5cm-5cm(或 ϕ7cm-7cm);也有用 10cm-10cm-10cm 的。轴向的上、下面要磨平,使压力均匀分布。

各种岩石的抗压强度值差别很大,最大值可达 300MPa,如闪长岩;最小值只有 5MPa,如页岩。这主要取决于岩石的矿物成分、结构、构造以及生成条件等因素的影响。同样的岩石,因含水状态不同,其抗压强度值也有较大的差别。经试验表明,岩石的干试件的抗压强度值要比湿试件的抗压强度值大,又以闪长岩为例,干试件为 130MPa,湿试件为 100MPa。在工程中常用的抗压强度指标有:干燥抗压强度、饱和抗压强度、冻融抗压强度。可见岩石的力学性质与其水理性质有着十分密切的关系。

岩石的抗压强度与岩石的弹性模量也有着对应的关系。从表 3-7 中可知,岩石抗压强度的大小与岩石弹性模量的大小是相对应的关系。

岩石抗压强度与弹性模量对照表 表 3-7

抗压强度 R（MPa）	弹性模量 E（10^3 MPa）	抗压强度 R（MPa）	弹性模量 E（10^3 MPa）	抗压强度 R（MPa）	弹性模量 E（10^3 MFa）
>100	20	50~100	10~20	<10	10

2. 抗拉强度（σ_1）

抗拉强度是指岩石在单向受拉时，被拉断时的极限拉应力值，用 σ_1 表示，单位为 Pa。公式为：

$$\sigma_1 = \frac{P}{A} \qquad (3\text{-}11)$$

式中：σ_1——岩石的抗拉强度（Pa）；

P——岩石拉断时的最大拉力（N）；

A——岩石受拉横截面积（m^2）。

抗拉强度试验一般采用的方法有两种：轴向拉伸法和劈裂法。

轴向拉伸法所取岩样的规格为个 5~15cm 的长圆柱体。试验结果用式（3-11）计算。

劈裂法所取岩样的规格为 ϕ5cm（或 ϕ7cm×7cm）的圆柱体。将试件横置于压力机的承压板上加压，使之劈裂（见图 3-22）。试验结果，按下式计算：

$$\sigma_1 = \frac{2P}{\pi Dl} \qquad (3\text{-}12)$$

式中：P——试件破坏时的轴向总压力（N）；

D——圆柱状试件的直径（m）；

l——圆柱状试件的长度（m）。

岩石的抗拉试验目前尚无完善的方法求得其单轴应力下的真正值，因此，计算的结果并不是常量。此外，还有岩样自身的结构、构造（如正好取在有微裂的部位，或平行于层理面、片理面）和矿物成分的变化及分布不同等因素的影响。

岩石抗拉强度实质上决定于岩石中矿物组成之间的黏聚力（内聚力、凝聚力）。矿物间黏聚力大的岩石抗拉强度要大于黏聚力小的岩石的抗拉强度（这是在无其他构造因素影响下的比较）。

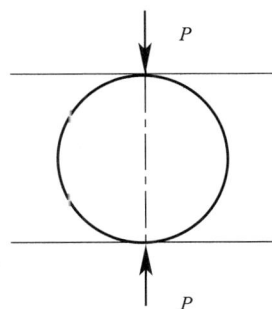

图 3-22 劈裂法抗拉实验图示

总的来看，在岩样的各种强度试验中，抗拉强度是最低的，所以有时不用做拉伸试验，而用抗压强度的经验系数来推算其抗拉强度值或其他几种强度值，它们之间的关系如下：

岩石的抗拉强度

$$\sigma_1 = (3\% \sim 5\%)R$$

岩石的抗弯强度

$$\sigma_w = (7\% \sim 15\%)R$$

岩石的抗剪强度

$$\tau_c = (6\% \sim 8\%)R$$

这只是经验规律,并无理论根据(此系引自张咸恭编《工程地质学》上册 1979 年版)。

3.抗剪切强度(τ)

岩石的抗剪切强度是岩石在一定的压应力条件下,被剪破时的极限剪切应力值,用 τ 表示。岩石抗剪切强度是由内聚力 c 和内摩擦系数 $f(\tan\varphi)$ 两部分组成。根据岩石受剪时的条件不同,通常把抗剪切强度分为三种:抗切强度 τ_c、抗剪强度 τ 和抗剪断强度 τ_{ck},如图 3-23 所示。

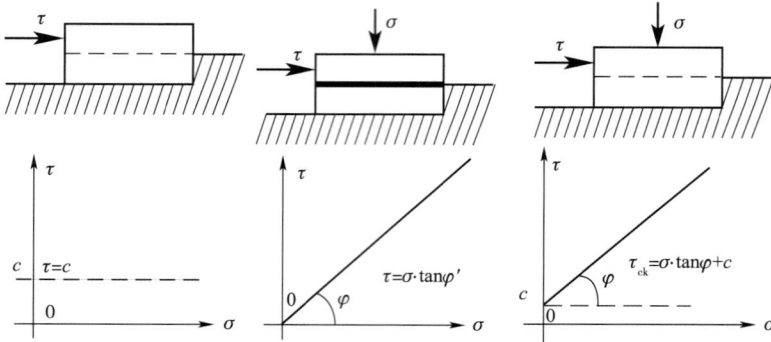

图 3-23 岩石的抗剪实验图示

(1)抗切强度(τ_c)

是指岩样在无垂直压力($\sigma=0$)、只加水平推力(τ)条件下的抗剪切力的强度。实质上是直接测试岩石黏聚力(c)值的方法。在抗剪切强度的一般式中:$\tau=\sigma\cdot\tan\varphi+c$

因 $\sigma=0$,故 $\sigma\tan\varphi=0$,$\tau_c=c$,即抗切强度等于岩石的黏聚力。

(2)抗剪强度(τ)

是指两块岩样,在垂直于接合面上一定压应力(σ)的作用下,岩样接触面之间所能承受的最大剪切力。τ 值随 σ 值的增加而增加。这种岩石接触面之间的摩擦滑动是无黏聚力的(即 $c=0$),故又称为摩擦强度,如式:$\tau=\sigma\cdot\tan\varphi'$($\varphi'$ 为摩擦角以区别 φ,$\varphi'\approx\varphi$)。测试这一强度的目的在于求出抗剪(摩擦)系数,为坝基、边坡、桥基、隧道及支挡建筑物等基底滑动和稳定检算提供试验数据。

(3)抗剪断强度(τ_{ck})

是指在一定压应力(σ)的作用下,岩样被剪断时剪破面上所能承受的最大剪应力(τ_{ck})。它与抗剪强度的区别在于:剪破面不是预先做好了的,而是通过试验被剪应力所剪断。它反映了岩石的黏聚力(c)和内摩擦力($\tau=\sigma\cdot\tan\varphi$),如式:$\tau_{ck}=\sigma\cdot\tan\varphi+c$。由此可见,抗剪断强度比抗剪强度和抗切强度都大得多。

四、影响岩石工程性质的因素

影响岩石工程性质的因素,可归纳为两个方面:一是内因,即由岩石自身的内在条件所决定的,如组成岩石的矿物成分、结构、构造等;二是外因,即由来自岩石外部的客观因素,如气候环境、风化作用、水文特性等。

1.内因

1)矿物成分

组成岩石的矿物成分对岩石的工程性质有直接影响。单矿岩与复矿岩比较,前者较后者耐风化。例如石英岩(单矿岩)主要矿物为石英,其平均抗压强度可达250MPa,而花岗岩(复矿岩)除含有石英外,还含有片状云母和中等解理的长石,其平均抗压强度为200MPa,可见花岗岩的强度较石英岩低。

矿物的硬度对岩石抗压强度有密切关系。如石英岩和大理岩,由于石英岩中的石英要比大理岩中方解石的硬度高得多,故石英岩的抗压强度为150~300MPa,而大理岩的抗压强度为100~250MPa。

矿物的相对密度决定着岩石的相对密度,含铁镁质矿物多的岩石的相对密度要比含硅铝质矿物多的岩石相对密度大。例如辉长岩的主要矿物成分是辉石和基性斜长石,而花岗岩的主要矿物成分是长石和石英,故辉长岩的平均相对密度(3.28)要比花岗岩的平均相对密度(2.65)大得多。

再从组成岩石的矿物颜色而论,深色矿物的(橄榄石、辉石、角闪石和黑云母)抗风化能力要比浅色矿物的(石英、长石、白云母)抗风化能力差。其中按照原生矿物对化学风化的反应来看,石英、白云母、石榴子石等为稳定的矿物;角闪石、辉石、正长石、酸性斜长石等为稍稳定的矿物;基性斜正长、黑云母、黄铁矿等为不稳定的矿物。因此,一般而言,在岩浆岩中酸性岩比基性岩的抗化学风化能力高;沉积岩抗风化能力要比岩浆岩和变质岩高。

2)结构

岩石的内部结构对岩石的力学强度有极大的影响。按岩石的结构特征,可将岩石分为结晶连接的岩石和胶结连接的岩石两大类。

(1)结晶连接。结晶结构的岩石,如大部分岩浆岩、变质岩和一部分沉积岩等,其晶粒直接接触,结合力强,孔隙度小,吸水率低。在荷载作用下变形小,弹性模量大,抗压强度高,如闪长岩、辉长岩、玄武岩、石英砂岩等的抗压强度均在150~300MPa。

结晶结构的晶粒大小对强度也有明显的影响。通常是细晶岩石的强度要高于同成分的粗晶岩石的强度,因细晶具有较高的结合力,故强度高。例如细晶花岗岩的强度可达180~200MPa,而粗晶花岗岩的强度只有120~140MPa;具有微晶至隐晶质的玄武岩,比中粗晶粒的基性岩强度更高;致密的结晶灰岩要比粗晶大理岩的强度高2~3倍。

(2)胶结连接。主要是指以沉积岩的碎屑结构为胶结物充填胶结而成的连接形式。胶结连接的岩石,其强度和稳定性取决于胶结物的成分和胶结的形式以及碎屑成分的影响。

胶结物的成分已在"沉积岩的矿物组成"中作了分析。硅质胶结的岩石强度和稳定性,远远要高于泥质胶结的岩石。

胶结连接的形式,是指胶结物与碎屑物之间的组合关系。一般可分为基底胶结、孔隙胶结和接触胶结三种形式。

①基底胶结:是一种碎屑物散布于胶结物中,彼此不接触的结构。这种结构孔隙度小,其物理力学性质完全取决于胶结物的性质。如果胶结物与碎屑物同为硅质或钙质,就有可能经重结晶作用转化为结晶连接,其强度和稳定性也随之增高,见图3-24a)。

②孔隙胶结:是指碎屑颗粒互相直接接触,胶结物充填于碎屑之间的孔隙中的一种结构。其强度和稳定性取决于碎屑物和胶结物的成分。一般而言,是强度和稳定性较好的结构,见图3-24b)。

③接触胶结:是指在碎屑颗粒的接触处,由少量的胶结物将其彼此连接起来的一种结构。

这种结构的孔隙度大、密度小、吸水率高,其强度和稳定性很差,见图 3-24c)。

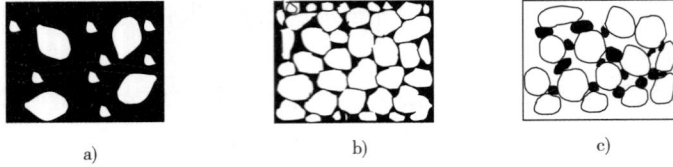

图 3-24　胶结连接的三种形式
a)基底胶结;b)孔隙胶结;c)接触胶结

3)构造

构造对岩石工程性质的影响,可从两个方面来分析:

一方面,某些构造体现了矿物成分在岩石中分布的极不均匀性,如片理构造、流纹构造等。这些构造能使一些强度低、易风化的矿物常成定向富集,或呈条带状分布,或者呈局部聚集体。当岩石受荷载作用时,首先从这些软弱的部位发生变化,而影响岩石的物理力学性质。

另一方面,在矿物成分均匀的情况下,由于某些构造,如层理、节理、裂隙和各种成因的孔隙,使岩石结构的连续性与整体性受到一定程度的影响或破坏,从而使岩石的强度和透水性在不同方向上发生明显的差异。一般情况下,垂直层面的抗压强度大于平行层面的抗压强度;平行层面的透水性大于垂直层面的透水性;垂直层理的变形模量小于平行层理的变形模量。

如果上述两个方面的情况同时存在,则岩石的强度和稳定性就会明显呈叠加性降低。

2. 外因

1)风化

岩石在风化作用下发生物理-化学变化的过程,称为岩石风化。岩石风化使岩体的工程地质特征也发生改变,其表现如下:

(1)岩体的完整性受到破坏。风化作用使岩体原生裂隙扩大,并增加新的风化裂隙,导致岩体破碎为碎块、碎屑、进而分解为黏粒,从根本上改变了岩体的物理力学性质。

(2)岩石的矿物成分发生变化。岩石在化学风化过程中,使原生矿物经化学反应,逐渐分化为次生矿物。随着化学风化的发展,层状矿物(如高岭石、蒙脱石之类的黏土矿物等)和鳞片状矿物(如绿泥石、绢云母之类的)不断增多,导致岩体的强度和稳定性大为降低。

(3)风化作用改变了岩石的水理力学性质。由于风化使岩石具有一些黏性土的特性,诸如亲水性、孔隙性、透水性和压缩性都极为明显地增大,从而大大降低了岩石的力学强度,抗压强度可由原来的几十至几百兆帕,降低到几兆帕。但当风化剧烈、黏土矿物增多时,渗透性又趋于降低。

2)水

任何岩石被水饱和后的强度都会降低。这是因为水能沿着岩石极细微的孔隙、裂隙浸入,在其矿物颗粒间向深部运移,从而削弱矿物颗粒彼此之间的连接力,降低岩石的内聚力 c 值和内摩擦系数 $f(\tan\varphi)$ 值,使岩石的抗压、抗剪强度受到影响。如石灰岩和砂岩被水饱和后的极限抗压强度会降低 25% ~45% 左右;又如花岗岩、闪长岩和石英岩等一类抗压强度很高的岩石,经水饱和后的极限抗压强度也会降低 10% 左右。这实质上是岩石软化性的表现。

水对岩石强度的影响,在一定限度内是可逆的,亦即被水饱和的岩石,再经干燥后其强度仍可恢复。但是,如果发生干湿循环,岩石成分和结构发生改变后,则使其强度降低,即转化为不可逆的过程。

复习与实践

1. 什么是岩石?简述矿物和岩石的关系。岩石都是由矿物组成的吗?

2. 简述岩浆岩、变质岩、沉积岩的概念及其在地壳中的分布特点。

3. 简述岩石结构与构造的概念。三大类岩石常见的结构构造有哪些?

4. 岩浆岩是怎样形成的?它有哪些主要的矿物、结构、构造类型?

5. 简述岩浆岩的颜色、矿物成分、化学性质之间的内在规律(共生组合规律)。

6. 试从深成岩、浅成岩、喷出岩的不同结构、构造来说明为什么岩浆岩的结构、构造特征是其生成环境的综合反映?

7. 试比较下列岩石间异同点:

A. 花岗岩与辉长岩;B. 流纹岩与玄武岩;C. 闪长岩与安山岩

8. 沉积岩是怎样形成的?它的组成物质和结构、构造特征有哪些?

9. 沉积岩中常见的胶结物主要有哪几种?它们对岩石(以砂岩为例)的强度有何影响?

10. 简述变质作用的概念。变质作用的因素及产生的原因有哪些?

11. 变质作用可分为哪几种类型?

12. 变质岩有哪些主要变质矿物?

13. 沉积岩区别于岩浆岩和变质岩的重要特征有哪些?

14. 岩浆岩的结晶结构、沉积岩化学结晶结构,变质岩的变晶结构,这三者的区别何在?

15. 试述解理、层理、片理之间的主要区别。

16. 对比区分下列名词:

A. 解理、断口、硬度;B. 斑状结构、半晶质结构;C. 流纹状构造、层理构造、片理构造;D. 结晶质、非晶质、隐晶质、玻璃质

17. 下列岩石之间有何区别及联系:

A. 花岗岩与花岗片麻岩;B. 页岩与千枚岩;C. 石英砂岩与石英岩;D. 石灰岩与大理岩;E. 片岩与黏土岩;F. 石英岩与大理岩

18. 试比较方解石、石灰岩和大理岩三者之间的关系。

19. 简述石英、砂岩和石英岩三者之间的关系。

20. 分析三大类岩石在成因上的关系。

21. 试述三大类岩石的主要工程性质。

第四章　地　质　构　造

第一节　地质构造概述

地质构造是指岩层或岩体在地壳运动中,由于构造应力长期作用使之发生永久性变形和变位的现象,如褶曲、断层等。地质构造是地质历史的产物,研究地质构造不但有阐明和探讨地壳运动发生、发展规律的理论意义,而且有指导工程地质、水文地质、地震预测预报工作和地下水资源的开发利用等生产实践的重要意义。

一、水平构造

在广阔的海底、湖底或盆地中心沉积的岩层,未经构造变动时,其岩层的绝大部分是水平或近似水平的,故称为水平岩层,亦称为水平构造。水平岩层发育的地区,其岩层与地形之间具有以下几个特征(见图4-1):

(1)在岩层没有发生变形和变位的情况下,新岩层位于老岩层之上;当受到强烈切割后,新岩层出露于山顶,而老岩层却出露于沟谷的底部。

(2)岩层层面在地表的交线与地形等高线相平行或重合一致,并随等高线的弯曲而弯曲。

(3)岩层的厚度(即岩层上、下层面间的垂直距离)在地形图上只要查出两岩层界限的高差即为该岩层的厚度。

(4)岩层在地形等高线中出露的宽度,取决于岩层和地面坡度。若岩层厚度相同时,坡度平缓地段所出露的岩层要宽于坡度陡急的地段[见图4-1b)中 $C > C'$]。如果在坡度近于90°的陡崖处,上、下岩层界线重合,则出露的宽度等于零。

二、倾斜构造

水平岩层受地壳运动的影响后发生倾斜,使岩层层面和大地水平面之间具有一定的夹角时,称为倾斜岩层,或称为单斜构造。单斜构造是层状岩层中最常见的一种产状,它可以是断层的一盘、褶曲的一翼或岩浆岩体的围岩,也可能是因岩层受到不均匀的上升或下降所引起的,如图4-2所示。

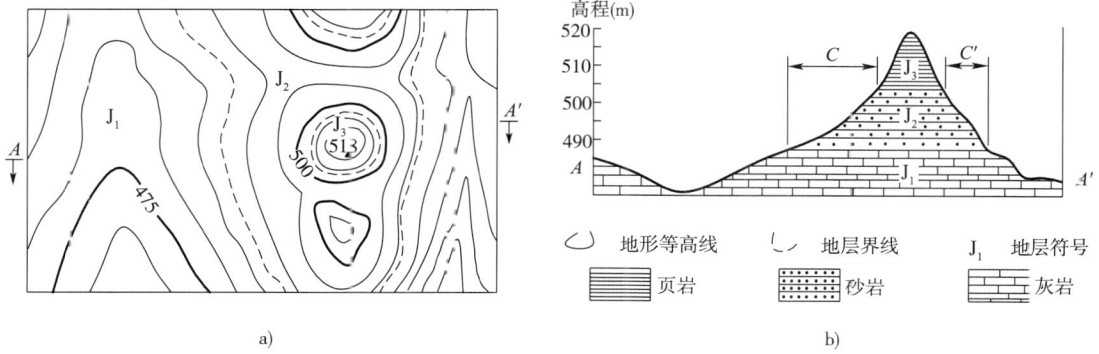

图4-1 水平岩层与地形
a)地形地质图;b)地质剖面图

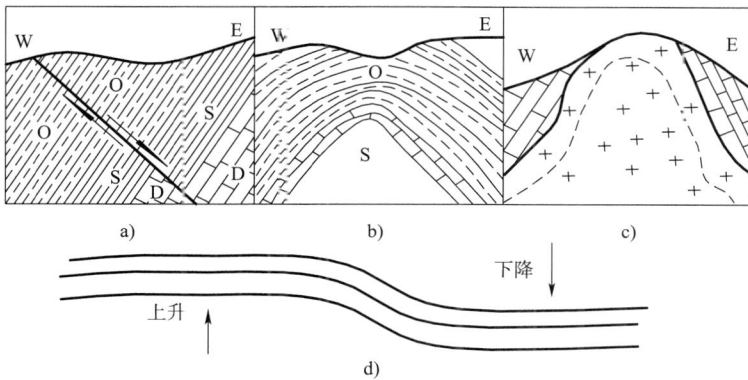

图4-2 不同成因的倾斜岩层

岩层产状要素及其测定为了确定倾斜岩层的空间位置,表示它们的倾斜方向、倾斜角度,以及岩层在水平方向延伸的情况,通常要测量岩层产状要素:走向、倾向和倾角(图4-3)。

走向:岩层层面与水平面的交线的方位角。岩层走向表示岩层在大地空间里的延伸方向,如图4-3中 ll'。

倾向:垂直走向顺层面向下的倾斜线在水平面上投影的方位角。如图4-3中:Op 为该岩层的倾向;Oq 为其垂线方向的倾斜线。

倾角:岩层层面与水平面之间的夹角,如图4-3中的 $\angle pOq = \alpha$。岩层倾角表示岩层在大地空间里倾斜角度的大小。

上述岩层产状要素,在野外是用地质罗盘进行测量的。

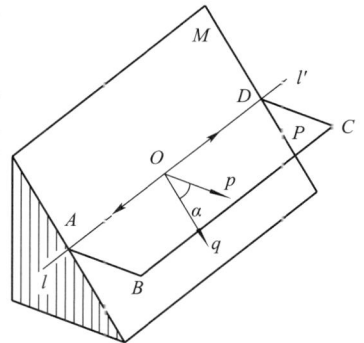

图4-3 岩层产状示意图

测量走向时,用罗盘的南北边(即长边)紧靠岩层层面,将罗盘放平,水准气泡居中,指针摆动很小时,读指北针所指的方位角(指针微动摆幅的中值数),即岩层的走向。一条走向线有两个方位角,两者之差为180°。

测量倾向时,用罗盘的南端(短边)紧靠岩层层面,将罗盘放平,水准气泡居中,读指北针所指的方位角(读数方法同上)。如果测的是"反层面",则应将罗盘的南端靠层面,读南针所指的方位角。

测量倾角时,将罗盘内装有"测斜仪"一侧的长边,沿重力方向紧靠岩层层面,用手微微拨动测斜仪在罗盘底面上的旋钮,使罗盘中测斜仪上的长形水准气泡居中,读测斜仪尖端所指的角度值,即该岩层层面的倾角。若测斜仪是簧卡式的,操作时应按松簧卡,使测斜仪自由下垂,其尖端所指的度数即为倾角。岩层产状要素在野外记录本上和文字报告中,目前一般用"倾向∠倾角"的样式来表述。如150°∠30°,即倾向为150°、倾角为30°。其中倾向的度数,因现在所使用的多是方位角罗盘,故绝大多数采用方位角计数,以北方为0°,按顺时针方向读数。因岩层倾向只有一个,而它与走向始终是±90°的关系,所以在野外实测时,只要测出岩层的倾向,就可求知岩层的走向。

此外,岩层产状要素在地质图上常用符号"╱30°"表示,长线为在图纸上走向线的实际方位角,短线为倾向,侧边的数字为倾角度数。

三、褶皱构造

岩层受构造应力的强烈作用后产生波状弯曲,但未丧失其连续性的构造,称为褶皱构造,这种弯曲现象是岩层的塑性变形,即永久性变形。褶皱是常见的主要地质构造现象之一。

1. 褶曲

褶曲是褶皱构造的组成单位,是褶皱中的一个弯曲。

(1)褶曲的基本形态——背斜和向斜(图4-4)

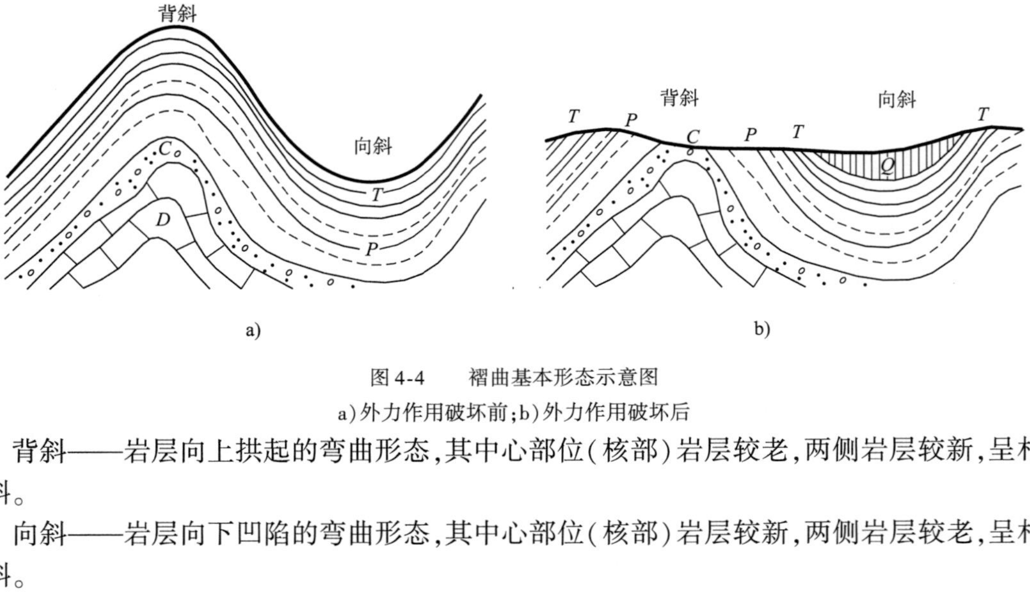

图4-4   褶曲基本形态示意图

a)外力作用破坏前;b)外力作用破坏后

背斜——岩层向上拱起的弯曲形态,其中心部位(核部)岩层较老,两侧岩层较新,呈相背倾斜。

向斜——岩层向下凹陷的弯曲形态,其中心部位(核部)岩层较新,两侧岩层较老,呈相向倾斜。

(2)褶曲的几何要素(图4-5)

核——褶曲中心部位的岩层。

翼——核部两侧向不同方向倾斜的岩层。

轴面——平分褶曲两翼的假想面,轴面可以是平面,也可以是曲面;可以是直立的,也可以是倾斜的或近似水平的。

枢纽——轴面与褶曲同一岩层层面上的交线。褶曲的枢纽有水平的,有倾斜的,也有波状起伏的。枢纽能反映褶曲在纵向延伸方向的产状变化。

（3）褶曲的类型

①按轴面与两翼岩层的产状分（图4-6）：

直立褶曲——轴面直立，两翼岩层倾向相反，且倾角大致相等（图4-6a）。

倾斜褶曲——轴面倾斜，两翼岩层倾向相反，但两翼的倾角不等（图4-6b）。

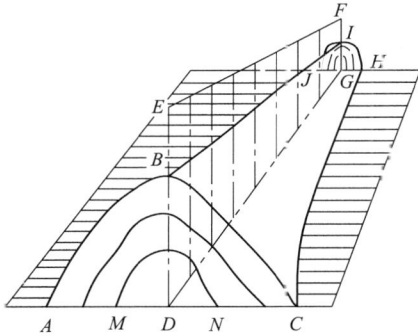

图4-5　褶曲要素剖析图

*MN*核部；*DEFG*-轴面；*BCHI* 和 *AEIJ*-两翼；*BI*-枢纽

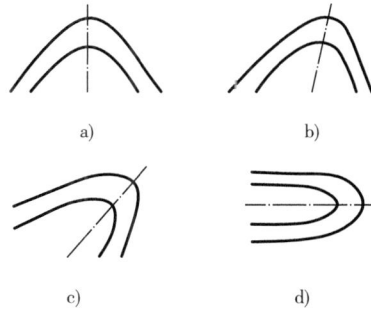

图4-6　褶曲按轴面产状分类示意图

a)直立褶曲；b)倾斜褶曲；c)倒转褶曲；d)平卧褶曲

倒转褶曲——轴面倾斜角度很大，两翼岩层向同一方向倾斜，一翼正常，一翼倒转（图4-6c）。

平卧褶曲——轴面近于水平，两翼岩层同向倾倒且近于水平状，一翼正常，一翼倒置（图4-6d）。

②按褶曲枢纽产状分（图4-7）：

水平褶曲——褶曲的枢纽近于水平，两翼岩层走向平行展布较远。

倾伏（没）褶曲——褶曲枢纽向一端倾伏，两翼岩不平行，在倾伏的转折端闭合。

2.褶曲的组合形态

自然界的褶曲，很少单个出现，常常是成群的出现。凡两个或两个以上褶曲的组合形态，便称为褶皱。在构造运动比较强烈的地区，常在较大空间范围内形成更大、更高一级的褶皱构造。

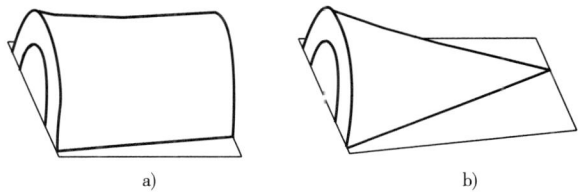

图4-7　褶曲按枢纽产状分类示意图

a)水平褶曲；b)倾伏褶曲

褶曲的组合类型，主要有：

（1）复背斜和复向斜（图4-8）

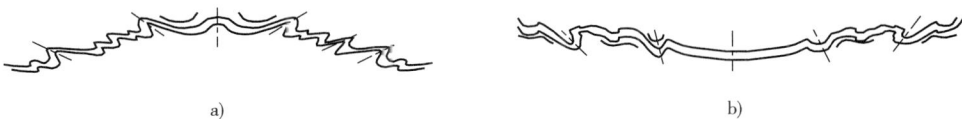

图4-8　褶皱在横剖面上的形态

a)扇状复背斜；b)扇状复向斜

复背斜——在一个大的背斜式的褶皱构造中包括多个次一级的背斜和向斜,如图 4-8a)。天山、秦岭即属复背斜构造。

复向斜——在一个大的向斜式的褶皱构造中包括多个次一级的背斜和向斜,如图 4-8b)。

(2)隔挡式和隔槽式(图 4-9)

当褶曲轴并列但背斜和向斜发育程度不等时,就形成这种类型的褶皱构造。背斜狭窄、向斜宽的称为隔挡式(图 4-9a)。背斜宽、向斜窄的称为隔槽式(图 4-9b)。

a)   b)

图 4-9   隔挡式及隔槽式褶皱示意图
a)隔挡式;b)隔槽式

四、断裂构造

岩层在地应力作用下发生变形,当应力超过岩石的强度,岩体的连续完整性受到破坏而产生的断裂现象,称为断裂构造。根据断裂面两侧岩块有无明显相对移位的情况,可把断裂构造分为两类:节理和断层。

1. 节理(裂隙)

(1)节理的基本概念

节理,又称为裂隙,是指破裂面两侧的岩石未发生明显相对位移的断裂现象。它属于断裂构造的初级阶段,普遍存在于组成地壳的岩石中,且常把岩石分割成具有一定几何形状的裂隙系统。节理面可以是一个平直的面,也可以呈曲面,其产状也包括:走向、倾向和倾角。它们在岩石中常互相平行产出,形成一组节理。节理在岩石中的空间分布,通常根据它们与岩层产状的关系划分为:走向节理(纵向节理)、倾向节理(横向节理)和斜向节理(图 4-10)。

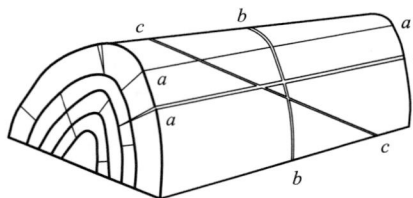

图 4-10   节理岩层的产状示意图
a-a 走向节理或纵向节理;b-b 倾向节理或横向节理;c-c 斜向节理

节理按其发育程度有开口的、闭合的和隐蔽的三种情况。开口节理具有明显可见的裂隙,两壁张开,它往往是地下水活动的通道;闭合节理肉眼可见,但两壁紧闭;隐蔽节理一般肉眼不易觉察,只有当岩石受到打击时才显现出破裂面。古老的节理面常常被某些矿物充填,形成细脉状的现象,如方解石脉、石英脉等。

岩体中的节理,通常成群出现,一般把同一时期、同一力学性质,且产状基本一致的节理称为节理组;把两组或两组以上、有成因联系的节理组合,称为节理系,如 X 节理系、环状节理系、放射状节理系等。

节理常呈有规律的分布,但又不是均匀的,在某些地段显得多些,而在另一些地段又显得少些。岩体中节理分布的多少,常用节理密度来标定。所谓节理密度,是指岩石中某节理组在单位面积或单位体积中的节理总数。在实际勘测中,常沿某节理面的垂直方向上以每米距离中的节理平均数目表示,即根(条)/m。

(2)节理的成因类型

节理按其成因可以分为:构造节理和非构造节理。

①构造节理(又称内生节理):是指由地壳内部构造变动作用力所形成的节理。构造节理的规模较大,分布较广,延伸较长、较深,常成群、成组有规律的出现。按其力学性质可分为张节理和剪节理,如图4-11所示。

张节理——由张应力作用所形成的裂隙。其特点是:岩石好似被拉破一样(图4-11中的 C-C'),节理面参差不齐、粗糙、不平直;在砾岩及砂岩中,拉破面常沿砾或砂粒表面裂开而不切穿砂砾;张节理两壁常张开不闭合,裂缝宽窄变化较大。

剪节理——由剪应力作用所形成的节理。其特点是:剪节理面平直而光滑,且多属隐蔽、闭合的,一般延伸很长、方位稳定;若发生在砾岩中,可切破砾石,节理面两侧常留有压磨的痕迹,如细泥、小坑、小槽等现象;剪节理的疏密比较有规则,一般为两组相交呈"X"形节理,其中一组常较另一组发育。通常以两组相交的锐角等分线方向代表压应力的方向,这对我们分析某地区域构造应力作用方式可提供可靠的证据。

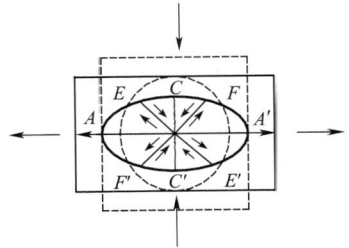

图4-11 构造节理的力学性质
C-C 张节理;E-E'、F-F 剪节理

②非构造节理(又称外生节理):是指由外动力地质作用使岩层发生的节理或裂隙。这类裂隙一般分布不广,常局限于地表浅部的岩层,且不规则,延伸也不长,多为开口型的张裂隙。按成因的外力不同,分为以下几种:

原生节理——是岩石在成岩过程中所形成的节理。如玄武岩在熔岩喷出冷却时发生张力作用而形成的柱状节理;沉积岩成岩时因失水收缩而生成的裂隙。

风化节理——岩石受物理风化作用,如剥离、冰劈、晶胀等引起岩石开裂的现象。

重力节理——由于大量岩石在重力下滑动或挤(拉)而产生的裂隙,如滑坡、崩塌、陷落等重力作用。

卸荷节理——由于岩石释放上覆岩层的压力,或失去侧向支撑而形成的节理,如剥蚀作用搬走岩石表层的风化物产生减压作用;水流侵蚀作用而使岩体失去侧向支撑等。

岸剪节理——又称岸坡裂隙,是在重力与卸荷两种作用下,在河岩两侧产生的倾向河床的纵向巨大节理。

人为节理——由于人的工程活动,如爆破、锤击等作用形成的节理。

(3)节理测量成果的整理和编图

要了解节理的分布规律和特点,就必须对野外所测量的大量节理资料进行室内整理即编制图示。因为图示能清楚地反映出一个地区节理发育的方向和特点。常见的节理图有:玫瑰花图、节理等密图、节理构造图及节理极点图等。其中,玫瑰花图因易于编制,且能比较明显地反映出节理的产状和数量,故最为常用。现只简介玫瑰花图的编制方法。

节理玫瑰花图,按节理产状分为:节理走向玫瑰花图、节理倾向玫瑰花图和节理倾角玫瑰花图三种。现以节理走向玫瑰花图为例,其编制方法如下:

①对一定地区的节理产状、密度进行观测(按测岩层产状的方法测量之),把测得的数据加以整理,记入节理统计表(表4-1)中。

节 理 统 计 表

表 4-1

方位间隔(°)	节理数(条)	平均走向(°)	平均倾向(°)	平均倾角(°)
1 ~ 10	15	186	96	61
11 ~ 20	10	194	104	70
21 ~ 30	4	209	119	58
—	—	—	—	—

②节理走向方位角有两项数值,通常采用北半球一向的数值,并按顺时针方位角由小到大的顺序,以每隔10°(或5°)的方位间隔分组,划分为:1°~10°、11°~20°、…、81°~90°;271°~280°、281°~290°、…、351°~360°等18(或36)个刻度组。

③将野外实测节理分归各组后,每组节理的走向取其平均值。如实测走向值中有4条节理分别为12°、15°、17°、20°,取平均值则为16°,故将这4条节理划入11°~20°的方位间隔组中(同理,相应求出这4条节理的倾向、倾角的平均值)。

④以某一组中节理数最多者为标准,取一定比例尺的长度为半径(即把节理条数转化为长度)作北半圆;并标出圆周方位角的刻度:0°~90°和270°~360°,如图4-13所示。此系编制节理走向玫瑰花图的底图。

⑤每组节理数,用给定的比例尺长度,按该组走向的平均方位角,由圆心引出辐射线,在其一端截取一点,即该组辐射线的长度等于该组的节理数。

⑥然后,将各辐射线的端点,依次用直线连接起来,就构成了节理走向玫瑰花图。若在规定的分组内没有节理出现时,则相邻组内的端点不能跨组,应向圆心连线;若某端点与相邻组内没有节理时,则该端点就直接与圆心连成一根辐射线,见图4-12中40°~50°方位间隔内的节理数。

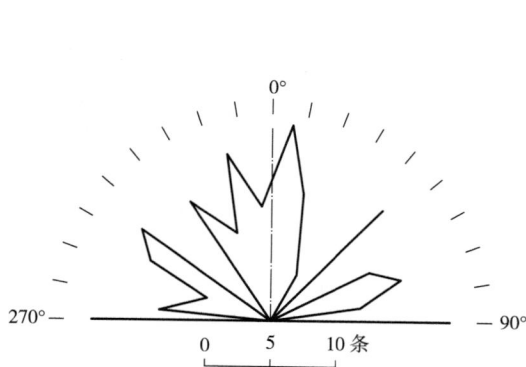

图 4-12　节理走向玫瑰花图

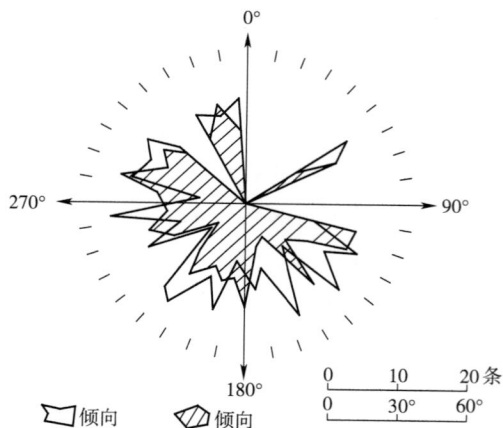

图 4-13　节理倾向、倾角玫瑰花图

从已编制成的节理走向玫瑰花图中不难看出,每一玫瑰花瓣愈长,表明该方位角内出现的节理数目愈多;花瓣愈宽,说明节理方向的变化范围愈广。

至于节理倾向玫瑰花图和节理倾角玫瑰花图的编制方法,与上述编制走向玫瑰花图的方法大同小异,如图4-13所示。因倾向方向具有单向性,只能有一个方位角数值,故必须用全圆间隔来表示。与倾向相应的倾角,也是按倾角的平均值换成线段的长度,仍沿辐射线方向标点,而后按上述方法将各端点依次用直线连接起来,即得节理倾向、倾角玫瑰花图。

在编图时,往往把节理倾向玫瑰花图和倾角玫瑰花图编在一起,可用不同颜色或花纹将两者加以区别,如图4-13所示。

(4)研究节理的意义

节理是地壳表层广泛发育着的、有时又是鲜为人知的构造现象,研究它的存在具有以下几个方面的意义:

第一,由于节理的存在,使岩体的完整连续性遭到破坏,大大降低了岩体的强度和稳定性。在高陡山坡地带,尤以倾向于建筑物地基(路基、桥基、房基等)的一组节理,常因切坡、地下水活动使山体失稳而造成危害。

第二,对采石而言,节理适当分布有利于成材石料的采集,但是,若节理密度过大,就会降低岩石单位体积的开采率;对施工而言,节理发育却有利于挖掘和爆破,可大大减小施工量。

第三,在山区,某些透水性较差的硬质基岩,由于节理发育并彼此贯通,意味着单位岩体的表面积增大,有利于风化,特别是化学风化作用的进行;节理使山体破碎,对地下水活动及裂隙含水层的形成提供了有利的地质条件。

第四,由于节理的形成及发展与地质作用密切相关,且多数节理在空间展布上又与大地构造的成因最为密切,而大地构造对地壳,尤其是陆壳的格局有着制约性的意义。可见,通过对节理展布规律的研究,可以探测大地构造的发生、发展规律。

第五,由于节理要受到大地构造的制约,表现在构造形迹的不同部位所形成节理类型、性质和密度,也是不均一的。因而对地貌的分布和发育有很大的影响。

2.断层

断层是指岩石在构造应力的作用下发生断裂,且沿断裂面两侧岩块有明显相对位移的构造现象。断层使节理进一步发展和扩大。断层的规模不一,大的可达上千公里,小的只有几米;其相对位移可从几厘米到几百公里。

(1)断层要素

为了便于分析断层的性质、位置和空间形态,通常把组成断层的各部分用几何图形来表示,如图4-14所示。

①断层面和破碎带:两侧岩块发生相对位移的破裂面,称为断层面。大的断层往往不是一个简单的面,而是多个面组成的错动带,因其间岩石破碎,故称为断层破碎带。

②断层线:断层面和地面的交线,或为断层面在地表的出露线。断层线表示断层构造所延伸的方向。断层线的长短反映了断层的规模所影响的范围,它是很重要的地质界线之一。

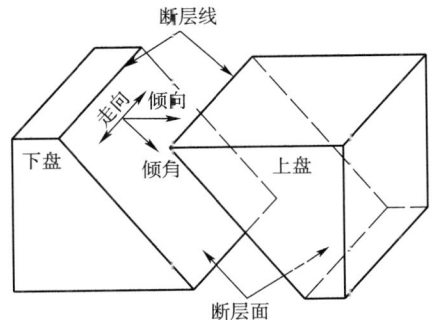

图4-14　断层要素

③断盘:断层面两侧的岩块。如果断层面是倾斜的,位于断层面上侧的岩块,称为上盘;位于断层面下侧的岩块,称为下盘。如果断层面是直立的,可用方位来表示:东盘、西盘、南盘、北盘等。

④断距：断层两盘相对位移的距离。如图4-15所示。断距可解析为总断距、垂直断距、水平断距和地层断距。

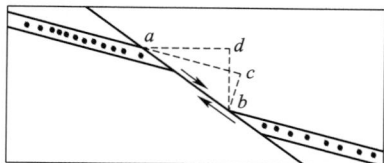

图4-15 断距解析图

（2）断层的基本类型

①根据断层上、下盘相对位移（图4-16）分：

正断层——上盘相对下降，下盘相对上升。

逆断层——上盘相对上升，下盘相对下降。

平移断层——上、下盘（或断层面直立两侧的断块）只有水平方向的推移。

②根据断层走向与褶皱轴向关系（图4-17）分：

纵断层——断层走向与褶皱轴（或区域构造线）方向一致或近于平行的断层。

横断层——断层走向与褶皱轴（或区域构造线）方向大致垂直的断层。

斜断层——断层走向与褶皱轴（或区域构造线）方向呈斜交的断层。

③根据断层走向与岩层产状的关系（见图4-18）分：

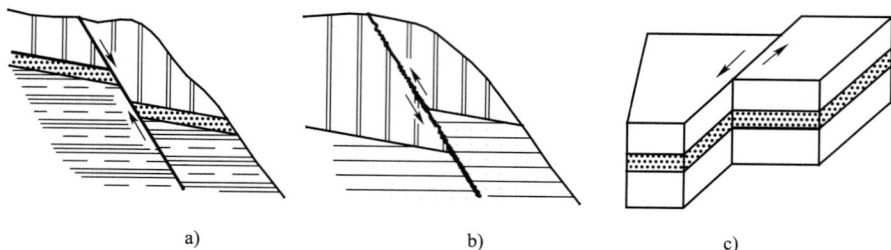

a)   b)   c)

图4-16 断层按上、下盘相对位移分类

a)正断层；b)逆断层；c)平移断层

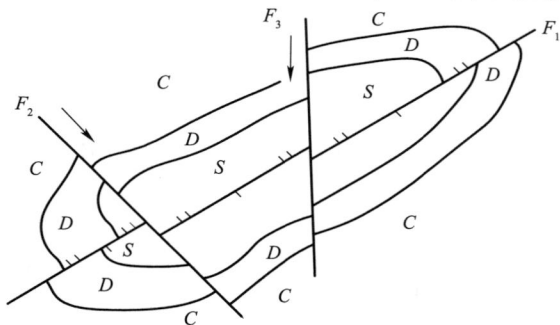

图4-17 断层走向与褶皱轴向关系（平面图）

F_1-纵断层；F_2-横断层；F_3-斜断层

图4-18 断层走向与岩层产状的关系

F_1-走向断层；F_2-倾向断层；F_3-斜交断层

走向断层——断层走向与岩层走向一致。

倾向断层——断层走向与岩层倾向一致。

斜交断层——断层走向与岩层走向（或倾向）斜交。

（3）断层的组合形态

断层很少孤立出现，往往由一些正断层和逆断层有规律地组合成一定形式，如阶梯状断层，地堑和地垒，还有叠瓦式构造等。

阶梯状断层——由数条倾向一致、大致平行的正断层组合而成，在地貌上呈阶梯状，如

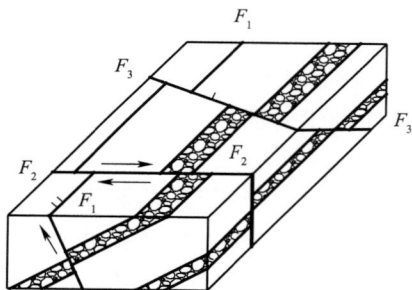

图 4-19a）。

地垒——由两条倾向相背的正断层组成，其间相对上升的岩块为地垒，如图 4-19b）。

地堑——由两条倾向相向的正断层组成，其间相对下降的岩块为地堑，如图 4-19c）。

叠瓦式构造——由数条倾向一致、相互平行的逆断层组合而成，似叠瓦状而得名（图 4-20）。

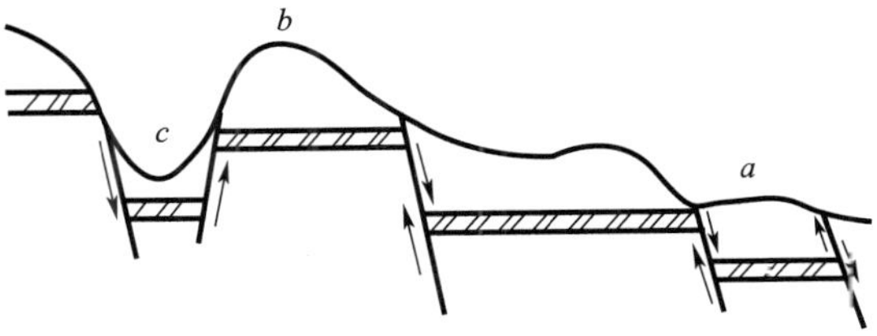

（4）野外识别断层的标志

断层的存在，表明岩层已受到了强烈的断裂变动，使岩体破碎，易风化、渗水，使岩体的强度和稳定性大大降低，对工程建筑常造成种种不利的影响。因此，在城市轨道交通工程建设

图 4-19 阶梯状断层、地垒、地堑示意图
a-阶梯状断层；b-地垒；c-地堑

中，特别是在测设阶段，应尽量避开大的断层破碎带。如果实在无法绕避时，必须拟出特殊方法作妥善处置。对此，工程技术人员应掌握一些在野外识别断层的方法。

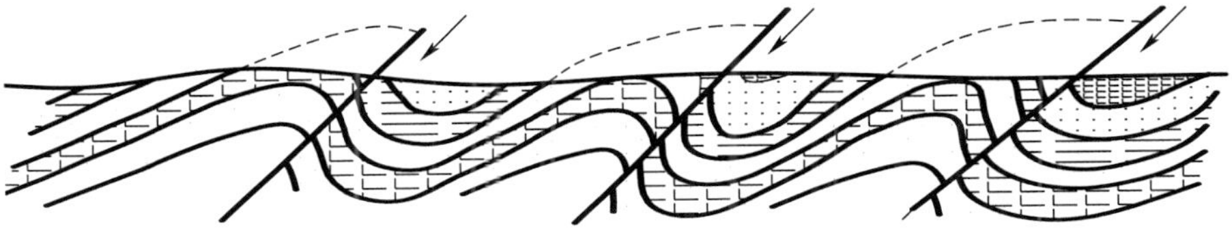

图 4-20 叠瓦式构造

凡发生过断层的地带，其周围的岩层往往产生一些异常现象，还会在地貌和水文方面都有所反映。在野外识别断层的主要标志如下：

①地层的重复与缺失：在某一地区内，沿构造线垂直的方向，出现某些地层的不对称重复；或某些地层缺失的现象，表明该地区有断层存在的可能。究竟属何种性质的断层，则要视断层面产状与地层产状之间的关系而定。地层的重复和缺失所出现的断层，可有六种情况如表 4-2 及图 4-21 所示。

纵断层造成地层重复与缺失情况　　　　表 4-2

断层性质	断层倾向与岩层倾向关系		
	相 反	相 同	
		断层倾角＞岩层倾角	断层倾角＜岩层倾角
正断层	重复	缺失	重复
逆断层	缺失	重复	缺失

②断层的伴生构造：是指断块在错动时相应而生的构造现象。如牵引弯曲、断层擦痕、镜面、断层角砾岩、糜棱岩和断层泥等。

a. 牵引弯曲。多产于页岩、片岩等柔性岩层及薄层岩层中，因断层两盘相对错动时，在断裂面两侧的岩石受牵引力使之发生弯曲，也可称为拖曳构造，如图 4-22 所示。

b. 摩擦镜面。也称断层镜面或擦痕面。在断层两盘的错动面上因摩擦而产生的磨光面和有光滑沟痕的光面，其表面常具有一层极薄的铁锰氧化物、碳酸盐或硅质薄膜，光滑如镜。

c. 擦痕与阶步。擦痕是断层两盘错动时，在断层面上产生的细微沟槽状的平行刻痕。它

67

有助于判别两侧岩块相对运动的方向。但应区分层间滑动、剪切节理及冰川活动所可能产生的擦痕。阶步,又称擦阶,是断层面上与断层擦痕伴生而与擦痕呈垂直的微小陡坎,坎高通常不足1mm或几毫米。阶步的排列方向与断层擦痕相垂直,顺下坎面的方向触膜,手感光滑,表明其相对运动的方向相反,见图4-23所示。

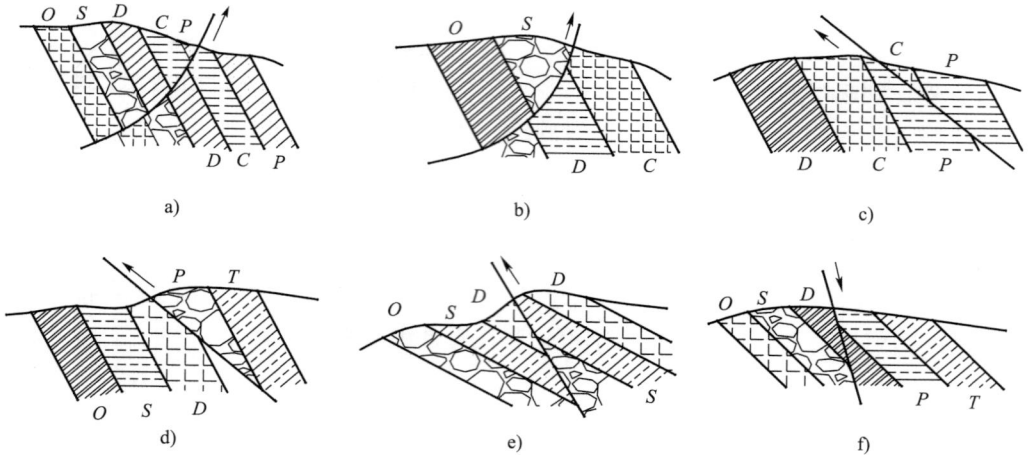

图 4-21　走向正(逆)断层造成的地层重复与缺失的六种剖面

a)、c)、f)为正断层;b)、d)、e)为逆断层

图 4-22　断层的牵引弯曲现象示意图

a)正断层;b)逆断层

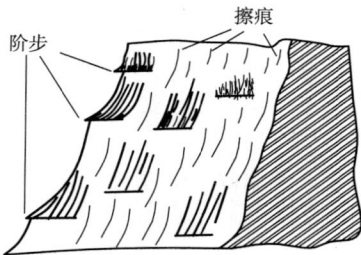

图 4-23　擦痕与阶步

d. 断层角砾岩。是由断层两盘的岩层破碎呈角棱状的角砾经胶结而成,其胶结物为破碎的岩粉,角砾的大小不一,也无定向排列。

e. 糜棱岩。是断层间的岩石被强烈搓碎和研磨后又胶结成粒度很细的岩石。

f. 断层泥。是一种有润滑感的泥质物质,覆盖于断层面上或成为断层角砾的胶结物,它们是断层两侧被挤压、破碎、碾磨而成。

③地貌和水文标志:从宏观上看,倾角较陡,断距较大的正断层,因上盘相对下降,下盘的断层面暴露于地表而形成断层崖面,经流水侵蚀后形成断层三角面山。这种断崖三角面的地貌常沿断层走向分布。

规模较大的横断层,常因断层破碎带易遭风化侵蚀而成为峡谷;常造成山脊错开或山脊中断,导致河谷方向突然转折。某些走向逆断层,常因切穿含水层,使地下水沿断层面上升流出地表形成泉,这种断层泉总是沿断层走向呈带状分布。

第二节　地质构造对城市轨道交通工程的影响

从上述可知,一般所说的地质构造包括:水平构造、单斜构造、直立构造,背斜和向斜构造、节理和断层构造等。城市轨道交通工程主要是指路基、桥涵、隧道及其一些辅助工程建筑物,所有这些工程无一不与地质构造有着密切的关系。其中,与工程建筑物的关系最为密切的是岩体的结构面,而对工程造成危害的则是其中的软弱结构面。

所谓结构面,是指在地质发展中岩体变形(褶皱、断裂)时,使其内部产生有一定方向、延展较大、厚度较小的两维面状的地质界面。这种界面两侧岩体显示了物质变异或不连续,如岩层层面、片理面、不整合面、断裂面等。软弱结构面是指结构面上物质较软弱,易破碎,含泥质物及水理性质不良的黏土矿物,在水的作用下泥化而降低它的 C 值与 φ 值),抗剪强度低,它们对岩体的稳定性影响最大,这种结构面称为软弱结构面。

现将地质构造与城市轨道交通工程的关系,具体分析如下:

一、地质构造与路基工程的关系(图 4-24)

(1)当岩层水平、直立,或单斜层面及节理面背向路基时,对边坡稳定有利,如图 4-24a)、b)、c)、d)路堑左边坡所示。如夹有软弱岩层时,应抹面护壁以防止风化。

(2)单斜层面及节理面倾向路基,且结构面的倾角 >10°,其走向又与线路平行或交角较小;并夹有软弱岩层时,则易形成边坡的坍塌或滑动,如图 4-24d)、e)所示。若单斜层面倾向路基,但倾角大于边坡倾角时,对边坡稳定有利。

(3)断层破碎带的岩体松散,节理也很发育,常是地下水活动的通道,加之断层面倾向路基所以当挖方边坡与断层带平行时,极易产生滑塌,如图 4-24f)所示。

(4)堆积层下伏基岩坡体较陡且倾向路基,在其接触面处常有地下水活动,当路堑开挖超过接触面的深度时,堆积层极易失去平衡发生滑塌,尤以基岩属软弱层为最严重,如图 4-25所示。

(5)节理特别发育的陡坡地段,当有一组或几组节理倾向线路时,开挖后常造成边坡崩塌、落石等病害。在构造节理中的张节理,对路堑边坡也是极不稳定的因素。

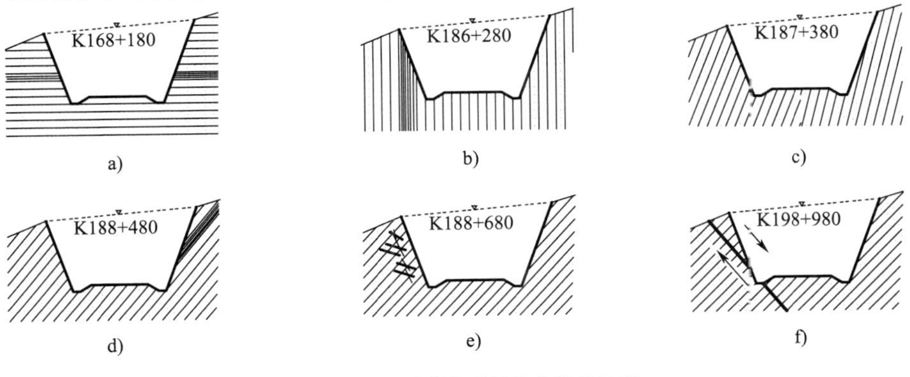

图 4-24　岩层产状与边坡稳定性的关系

〰〰 滑石片岩	～～ 泥质页岩	⌐○— 泉及地下水	⌒⌒ 覆盖层与基岩接触面

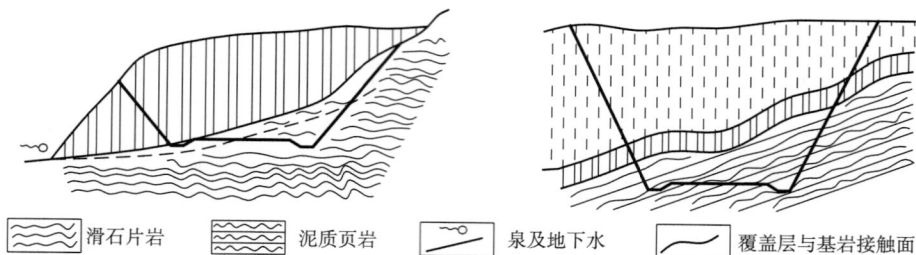

图 4-25　路堑边坡不稳定情况示意图

二、地质构造与桥基工程的关系

（1）在确定桥位之前，首要任务是要勘察桥位可能穿越的地层、岩性、地质构造，尤其要分析桥位与大的构造线、断层破碎带的关系。

（2）桥位选定后，对桥墩位置的布置，应作具体探测，查清墩位基岩有无软弱结构面。

（3）桥基的稳定性与岩层产状、软弱结构面等都有直接影响。

当岩层产状倾向下游，其中又有软弱夹层时，会因水的冲蚀作用而影响基础的稳定性，如果软弱夹层较厚，会使基础产生差异沉降导致墩身歪斜或倾覆，如图 4-26 所示。

下游 ←　　→ 上游

▨ 硬质岩	▤ 软质岩	→ 流水方向

图 4-26　桥基不稳定图

当两种不同岩层接触，其接触面较陡时，会造成桥基不稳，因为接触面一般多是软弱结构面，故最好是将桥基设计在单一岩层之上。

在定桥位时，应尽可能地避开断层破碎带，如图 4-27 所示。从图 4-27 中不难看出，因桥基岩体破碎，易风化渗水，受桥基和桥体荷载后会出现沉陷；或沿断层破裂面错动的方向，使桥墩发生滑移或倾斜。

三、地质构造与隧道工程的关系

（1）隧道穿过水平或近于水平构造且又是硬质厚层状的岩层，一般都是较为稳定的。如果是松软的薄层岩层，则开挖后可能会有顺层剥落或坍塌的危险，尤其是易风化的极软质岩及含水的松软岩层，则在施工中会造成更大的困难，如图 4-28a) 所示。

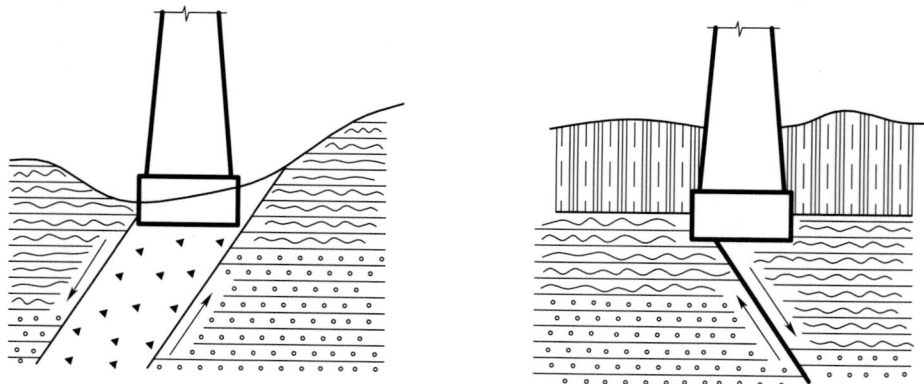

图 4-27　断层构造对桥基极为不利的图示

70

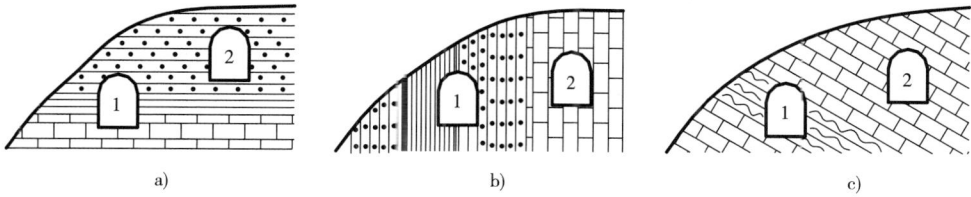

图 4-28　岩层产状与隧道工程的关系
a)水平岩层或近于水平岩层;b)直立岩层;c)倾斜岩层

（2）隧道穿过直立构造且少地下水的岩层,一般是稳定的。如果层次较薄,并有软弱夹层,加上有少量的地下水活动,则会产生较大的地层压力,有掉块和坍塌冒顶的可能,如图 4-28b)所示。

（3）在单斜构造地区,岩层倾角的大小和岩性对隧道的稳定性有极为重要的影响。若倾角平缓且岩质坚硬,则是较稳定的;若倾角大,夹有软弱层,且有地下水活动,则地层侧压力较大,如图 4-28c)所示。如在塑性强的黏土质中,可能引起隧道边墙的坍塌或顺层滑动。

（4）褶曲与隧道工程的关系,可从两个方面来分析:如果隧道从向斜轴部穿过,则因两侧岩层向轴部挤压和核部向下坠落,产生较大的压力;如果从背斜轴部穿过,则常因轴部张节理向上呈辐射状发育,顶部受水面积大,地下水向核部汇集,对隧道工程不利。在褶曲地段修筑隧道,通常选在翼部穿过,如图 4-29 所示。

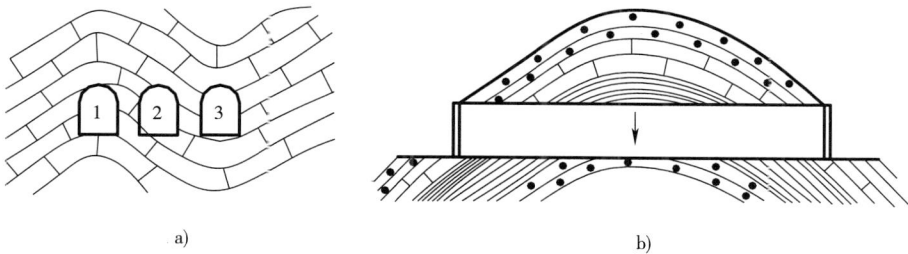

图 4-29　褶曲轴部与隧道工程关系
a)背斜、向斜、翼部;b)褶曲轴部与隧道工程关系

（5）断层对隧道工程极为不利,在隧道定向测设时,对活动性断层或宽度较大的断层破碎带地段,切忌与断层构造线平行或小交角布线,应尽量远离或绕避。若必须穿越、无法绕避时,则应使隧道中线与断层构造线呈直交或近于直交穿越,以减少对隧道工程的影响范围,如图 4-30所示。

隧道穿越走向逆断层时,应查清上盘岩体含水层的层位及其厚度,以防掘进中隧道内涌水给工程造成的危害,如图 4-31 所示。隧道内涌水极易引起洞内塌方,支撑受压折断,坑道变形,

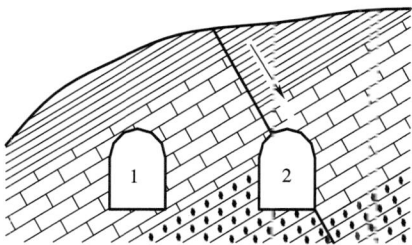

图 4-30　断层与隧道关系

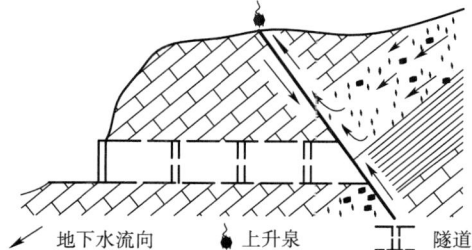

地下水流向　　上升泉　　隧道

图 4-31　隧道内涌水机制

衬砌严重开裂,渗水、漏水等。如宝天线有一座铁道隧道约长 200m,平行断层走向,因巨大的山体压力引起导坑支撑折断、衬砌开裂,拱圈严重变形,给施工、营运带来了极大困难。

复习与实践

1. 何谓地质构造?
2. 什么叫岩层的产状? 岩层产状的三要素是什么?
3. 在野外如何识别背斜与向斜?
4. 怎样区分张节理和剪节理?
5. 在野外如何识别断层?
6. 正断层、逆断层、平移断层各有何特征? 成因上有何差别?
7. 褶皱两翼的岩层重复与由断层造成的岩层重复现象有何区别?
8. 何谓软弱结构面?

第五章 地质图的识读

第一节 地质图的基础知识

一、地质图及其类型

对一个地区进行了地质调查后,将各种地质情况(地层、岩性、地质构造等)按一定比例和规定的图例缩绘在一定地形底图上所构成的图件,称为地质图。它是形象化了的地质语言和地质资料。

一般将地质图分为普通地质图和专门地质图两种。普通地质图只表示地层、岩性及地质构造;专门地质图是用来表示某一项地质特征的图件,如第四纪地质图(第四系沉积层)、水文地质图、工程地质图等。但专用地质图是以地质图为基础来编制的。

城市轨道交通工程需要搜集和研究沿线的地质情况,虽不要求城市轨道交通工程技术人员从事测绘和编制大面积的地质图的工作,但我们可以运用已编制好的地质图来帮助我们了解某一地区的地质情况。它对研究线路的布局,确定野外工程地质的重点是极为重要的参考资料。因此,作为一个城市轨道交通工程技术人员必须学会分析和识读地质图。

二、地质图的主要内容

1. 平面图

平面图是地质图的主体,通过实地勘测,直接将各种地质界线、特征及构造现象填绘在地形图中编制而成,实际上就是地形地质图。也有在地形图中只选择水系、制高点和居民点(即不要等高线)来编制地质图。平面图上应标记出图名、图例、比例尺、编制单位和编制日期。如图5-1a)。

2. 剖面图

剖面图是在地质平面图中取一代表性断面上的地形、岩层层位和地质构造特征的图件。

它可以通过实地测绘,也可以根据地形地质图在室内编绘。编绘时应注意水平比例尺与平面图的要相同;垂直(高程)比例尺可比平面图的适当放大些。如图5-2。

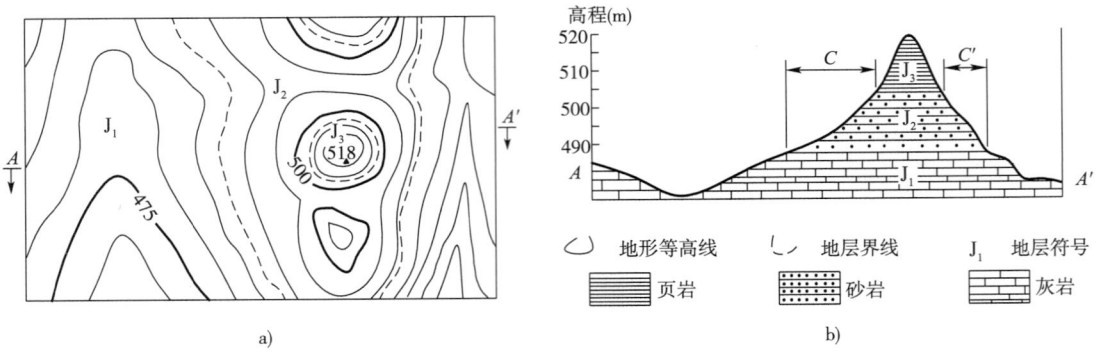

图 5-1　地质平面图与地质剖面图
a)地形地质图;b)地质剖面图

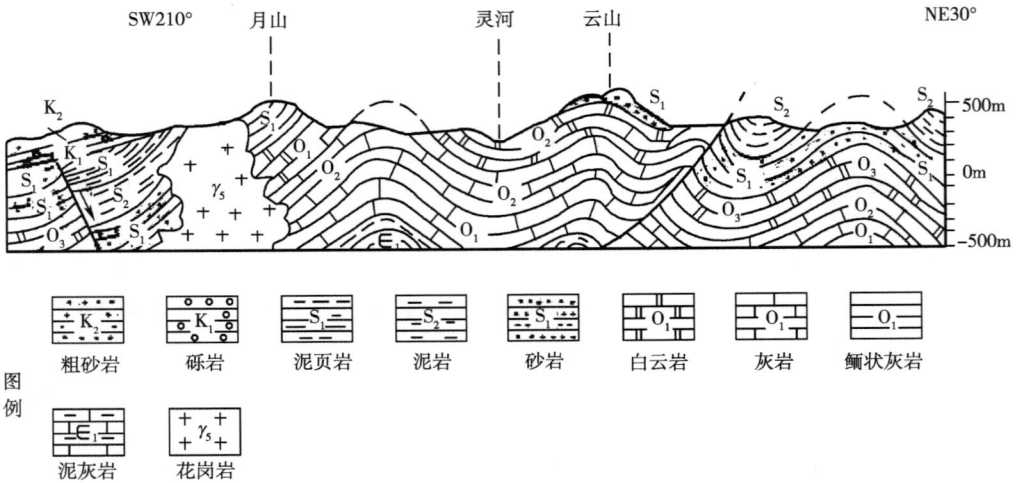

图 5-2　地质剖面图

3. 柱状图

柱状图又称为综合地层柱状剖面图。它是根据一个地区的各个地层,按时代顺序、接触关系、厚度、岩性、所含化石及其他方面的特征编制而成的图件。为了较准确地表示出各时代不同岩层的厚度,柱状图的比例尺通常要比剖面图的还要大些。如图5-3。

4. 图例

图例是用规定的颜色、代号和符号来表示地质图中的地层、岩性、地质构造等地质特征在空间分布的状况,称为地质形象化了的语言。现将常见的图例分别列于表5-1、表5-2、图5-4中,以供参考。

项目名称：某建筑				勘察单位：某地质勘察院			
编号：ZK5		类型：控制性钻孔		深度：18.60		完成日期：01-11-4	
高程：1542.15				稳定水位：10.30			

时代成因	地层编号	高程(m)	埋深(m)	厚度(m)		岩土描述	取样编号深度	标贯击数深度
Q_4^{al}	1	1538.45	3.70	3.7		杂填土:灰黄色，干燥，经压密，主要成分为黄土状粉土，含少量的煤渣及其他建筑垃圾		
Q_3^{apl}	2	1534.85	7.30	3.6		黄土状粉土:褐黄色，湿，松散，主要成分为粉粒		
	3	1529.15	13.0	5.7		黄土状粉质黏土:褐黄色，饱和，稍密，主要成分为黏粒，含少量粉粒		
Q_3^{al}	4	1528.45	13.7	0.7		细砂:黄褐色，饱和，稍密，主要成分为细砂		
	5	1523.55	18.6	4.9		卵石:青灰色，稍密–中密，呈亚圆形，分选一般，泥砂质充填。一般粒径为3~6cm，最大可达13cm。母岩主要成分为砂岩、花岗岩及变质岩		

图 5-3 地质柱状图

地层时代符号及着色 表 5-1

符号	地层及着色	符号	地层及着色	符号	地层
Q	第四系　黄色	P	二叠系　棕色	K_Z	新生界

75

符号	地层及着色		符号	地层及着色		符号	地层
R	第三系	橙色	C	石炭系	灰色	M_z	中生界
N	上第三系	浅橙色	D	泥盆系	褐色	P_Z	古生界
E	下第三系	深橙色	S	志留系	靛青色	Pt	元古界
K	白垩系	草绿色	O	奥陶系	深蓝色	Ar	太古界
J	侏罗系	蓝色	∈	寒武系	橄榄绿色	M	时代不明的变质岩层
T	三叠系	紫色	Z	震旦系	蓝灰色		

岩 石 符 号　　　　　　　　表 5-2

岩石	符号	岩石	符号	岩石	符号
砾岩	Cg	闪长岩	δ	玄武岩、粗玄岩	β
角砾岩	Bt	正长岩	ξ	浮石、黑曜石	υλ
砂岩	Ss	英安岩	ζ	火山岩流	υβ
页岩	Sh	粗面岩	τ	片岩	Cs
泥灰岩	Ms	安山岩	α	绿泥片岩	C1
石灰岩	Ls	闪长玢岩	δu	干枚岩	Ph
花岗岩	$γ_γ$	安山玢岩	δo	板岩	Sb
花岗伟晶岩	γρ	霞石正长岩	ε	片麻岩	Gn
流纹斑岩、石英斑岩	λπ	辉绿岩	βu	石英岩	Qu
花岗斑岩	γπ	辉长岩	υ	大理岩	Mb
流纹岩	λ	辉岩	ψt		
花岗闪长岩	γδ	橄榄岩	σ		

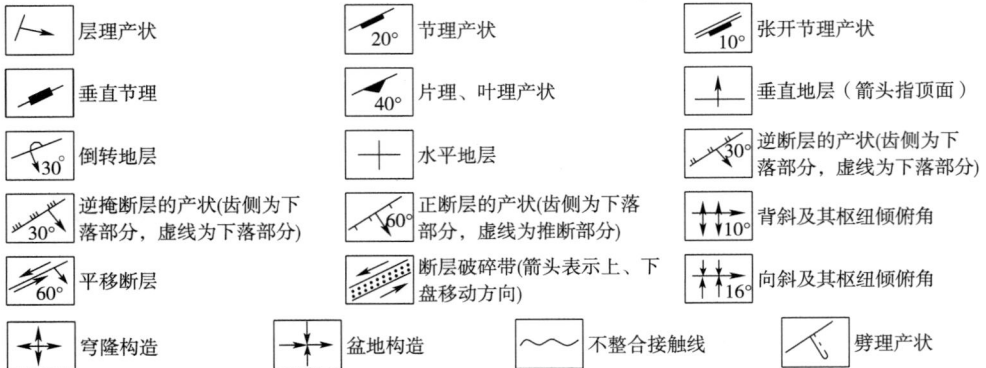

图 5-4　地质构造图例

第二节　地质图的判读解译

一、地质情况在地质图上的表现

1.不同产状的岩层在地质图上的表现

（1）水平岩层

未经流水切割、地形平坦的地区,在地质图上只能看见一种岩层的顶面,而经流水切割、地形较为复杂的地区,在地质图上所表现为以下主要特点:

①岩层界线与等高线平行或重合,往往形成封闭曲线;

76

②同一时代岩层,在不同地点出露,其高程大致相同;

③新岩层出露于山顶,老岩层出露于谷底(图5-1)。

(2)倾斜岩层。

①岩层倾向与地形坡度相反时,岩层界线的弯曲方向与等高线弯曲方向相同,只是曲率要小一点;

②岩层倾向与地形坡向相司、倾角大于坡度角时,岩层界线的弯曲方向与等高线弯曲的方向相反;

③岩层倾向与地形坡向相司、倾角小于坡度角时,岩层界线的弯曲方向与等高线弯曲的方向相同,但其曲率要比等高线的大(图5-5)。

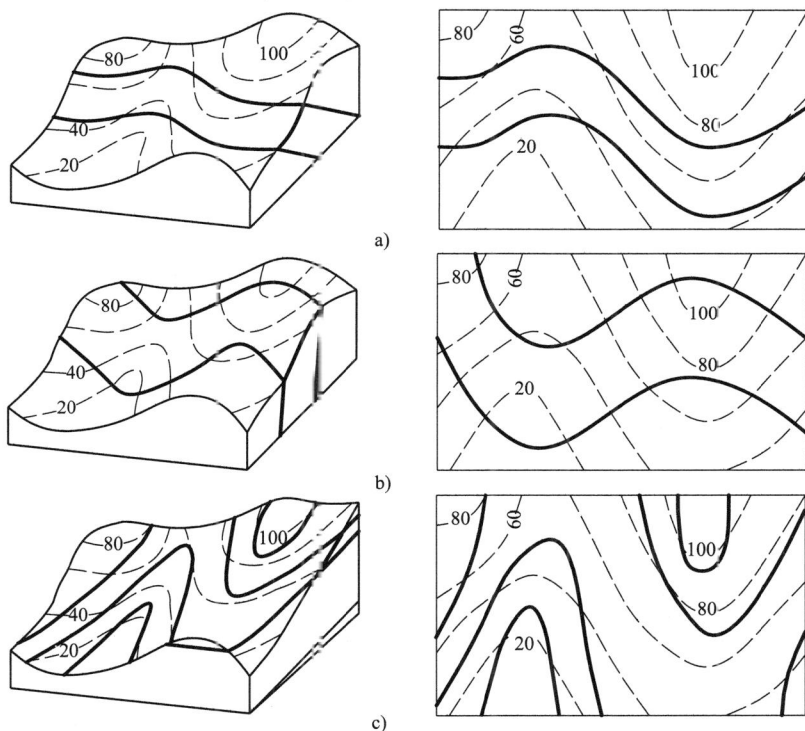

图5-5　倾斜岩层在地质图上的表现

(3)直立岩层

除岩层走向有变化外,岩层界线在地质图上为直线,不受地形的影响。

2.褶曲在地质图上的表现

(1)背斜和向斜

两翼岩层呈对称出现,从核部到两翼,岩层由老到新为背斜;从核部到两翼,岩层由新到老为向斜。

(2)两翼产状情况

两翼倾角大致相等,倾向相反,为直立褶曲;两翼倾角不等,倾向相反,为倾斜褶曲;两翼同向倾斜,一翼正常,一翼倒转,为倒转褶由。

（3）枢纽产状

枢纽水平,核部宽窄变化不大,两翼岩层界线呈平行分布,为水平褶曲(图5-6);枢纽倾伏的背斜(或向斜),两翼岩层界线延伸至倾伏(扬起)端呈弧形相交,若倾伏的背斜、向斜相连,则岩层界线呈"之"字形弯曲(图5-7)。

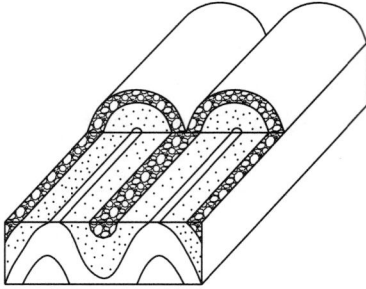

图5-6　水平褶曲在地质图上的表现　　　　图5-7　倾伏褶曲在地质图上的表现

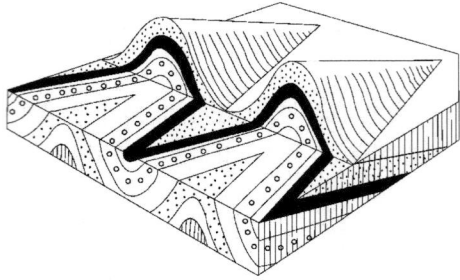

3.断层在地质图上的表现

（1）纵断层（走向断层）

断层走向沿岩层走向(或褶曲轴向)延伸,其上升盘、下降盘和正断层、逆断层,应根据断层倾向、倾角与岩层倾向、倾角的关系来判读,参见图4-21所示的地层重复或缺失的六种情况。

（2）横（或斜交）断层

断层走向与褶曲轴呈垂直或斜交,地层界线在断层线处中断,背斜核部变宽的一侧为上升盘,变窄的一侧为下降盘;向斜核部变宽的一侧为下降盘,变窄的一侧为上升盘(图5-8)。如果背斜或向斜核部只有水平错开而无宽窄变化,则为平移断层(图5-9)。

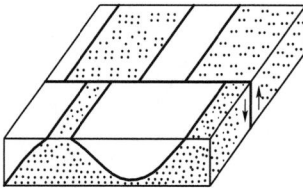

图5-8　断层垂直褶曲上下错动后在地质　　　图5-9　断层垂直褶曲轴水平错动后在地质
　　　　　图上的表现　　　　　　　　　　　　　　　图上的表现

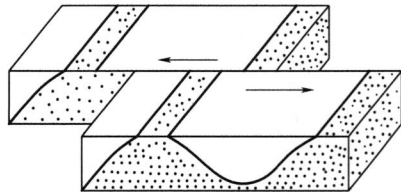

（3）断层时代及断层时序

发生断层的一套地层,被未发生断层的地层所覆盖,其断层时代应在一套岩层中最老一层时代之前,下一套被切断岩层中最新一层时代之后,见图5-10。在多数断层相交割的地段,断层发生的先后次序,称为断层时序。被切割的断层比未切割的断层时代要老;被切割次数多的断层比切割次数少的时代要老。如图5-11,F_1被F_2切割,F_2又被F_3切割,故F_1最老,F_2次之,F_3最新。

4.地层接触关系在地质图上的表现

主要是分析图幅中地层从老到新的层序。如果地层界线大致平行,没有缺层现象,则是整合的。如果地层界线虽大致平行,但有显著缺层现象,则为平行不整合。如果较新地层之下,有显著缺层,且下伏地层的产状有显著的变化,则为角度不整合。

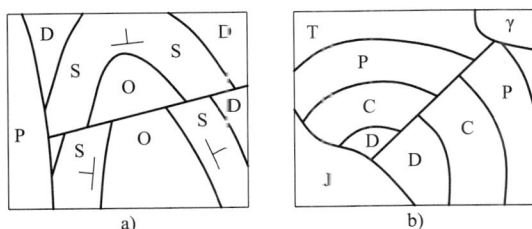

图 5-10 断层产生的时代

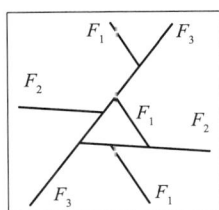

图 5-11 断层时序

5.岩浆岩体在地质图上的表现

岩浆岩体的界线穿过不同的围岩界线,若规模较大且形体不规则者为基;若规模较小、形体较规则者为岩株;若岩体界线与围岩走向一致、外形浑圆或较规则的为岩盘;岩体界线呈长条状、展布方向与围岩走向一致者为岩床;岩体界线呈长条状、穿过不同岩层者为岩墙。

二、阅读地质图的步骤

1.概览

(1)要看图名,图幅代号,比例尺,地理位置,城镇网点;

(2)地形特征:制高点、最高等高线、最低等高线、相对高差、山脉走向、分水岭及水系分布、地面起伏情况;

(3)制图单位和时间以及制图的目的。

2.读图例

(1)了解图幅内出露地层的老新层序及缺失情况,岩石类别及其层位厚度;

(2)地层的接触关系,有无不整合现象;

(3)地质构造上总的特点:岩层产状,褶曲类型,断层规模及断层类型;

(4)有无岩浆岩体分布,岩浆岩体与围岩、褶皱、断层的关系。

3.判读分析

仔细判读分析各种地质构造在地质图上所表现出来的特征:水平、单斜、直立、背斜、向斜、断层等构造的表现(参见"地质情况在地质图上的表现")。

4.解译叙述

在上述各要点判读的基础上,进一步分析和认识整个构造的内部联系及其发展规律。例如,根据地层与地质构造的关系来分析该地区的地质发展历史、地貌发育以及工程地质条件等问题。

以上所述仅是一般的读图步骤和方法,至于如何具体分析某一幅地质图中的各种构造,必须通过实践来逐步掌握。

复习与实践

1.阅读图 5-12 龙虎山地区地形图,做 A—B 地形剖面图。

2.阅读图 5-13 赵李坪地区地质图,做 A—B 地质剖面图,并写出赵李坪地区地质分析报告。

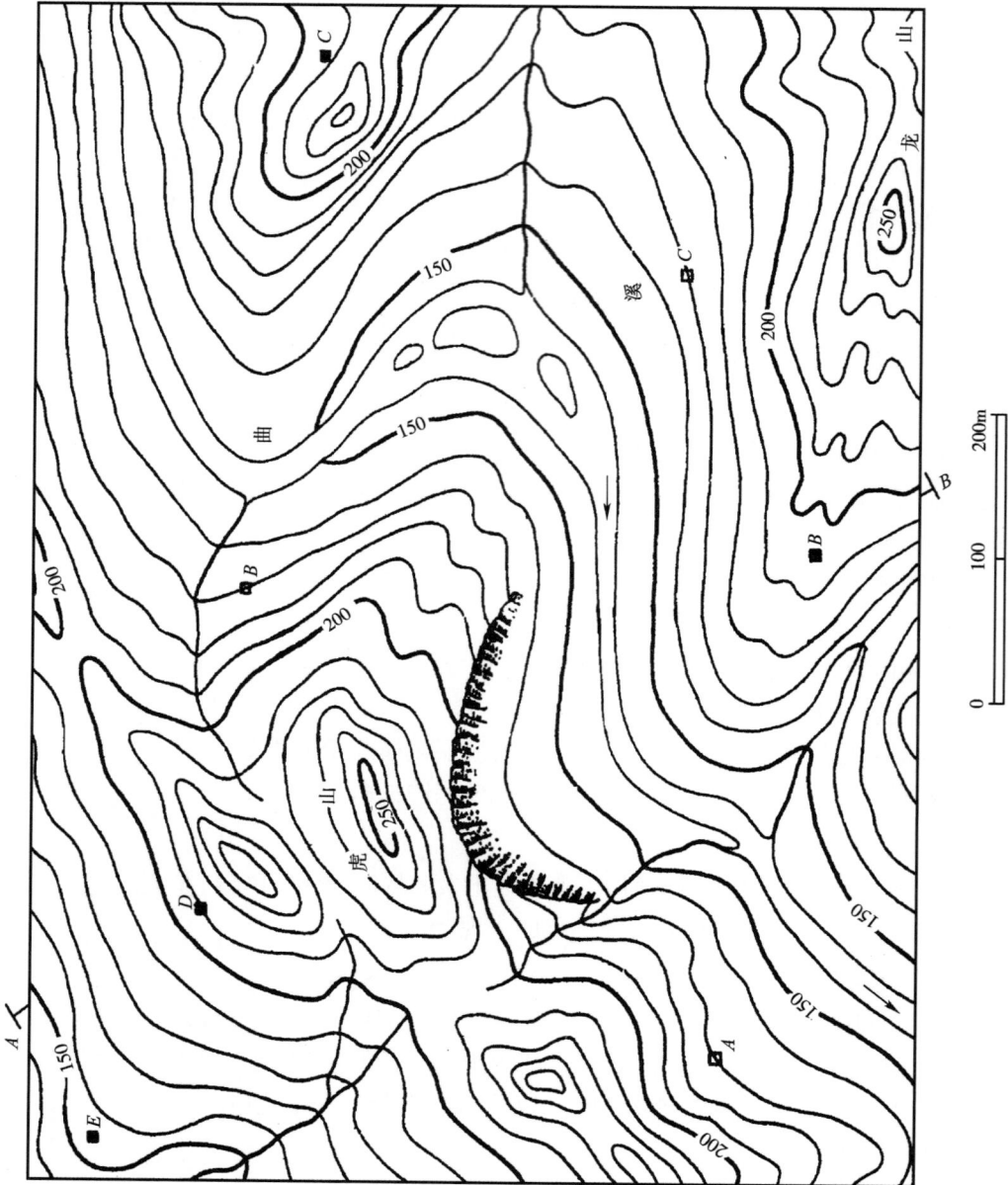

图 5-12 龙虎山地区地形图

图例

Q	第四系砂砾层
E	下第三系红层
J_2	中侏罗统火山岩
J_1	下侏罗统煤系
C_3	上石炭统灰岩
C_2	中石炭统灰岩
C_1	下石炭统页岩
D_3	上泥盆统砂岩
S_2	中志留统页岩
	地层界线
	角度不整合线
⊥40	岩层产状

图 5-13 赵李坪地区地形地质图

第六章　流水地质作用

第一节　坡面径流及其地质作用

流水是形成陆地地貌的主要外营力之一。它分布广泛,在温暖湿润地区的地貌发育过程中,流水作用常居首要地位;在极地高寒地区或干旱荒漠地区,也可找到流水作用的踪迹。流水在运动过程中,使沿程的物质发生侵蚀、搬运和堆积,形成了各种侵蚀地貌和堆积地貌。这类由流水作用所塑造的各种地貌,统称为流水地貌。

地表流水主要来自大气降水,同时,也可接受地下水或冰雪融水的补给。由于各地的气候、地质等自然条件不同,流水作用所表现的形式及其所形成的地貌存在着区域性差异。地表流水可区分为面状水流和线状水流两类。面状水流即坡面径流,通常由许多细小股流组成,无固定的流路、时分时合、多呈薄层片流形式、顺坡向下流动。线状水流是指在沟谷或河槽中流动的水流。按照水流的持续性,它又可分为暂时性水流和经常性水流两种。前者在干旱或半干旱地区最为发育。这些地区因蒸发量大于降水量或汇水区面积小,造成沟谷中经常无水,只有在暴雨或冰雪大量融化季节才有水流;后者指在河床中终年都有一定流量的水流,在湿润气候区分布普遍。

一、坡面径流形成与作用

坡面径流的形成,除蒸发量之外,主要取决于降水强度、土壤渗透率和地形条件。当雨水降落地面或地表冰雪融化时,部分水分开始渗入地下,表土下的孔道逐渐被水体充填、达到饱和;另一部分水体在重力作用下沿倾斜的地面向下流动,形成面状水流。坡面径流在其发育初期,水层薄,流速小,流向受地面粗糙度的影响,往往不按坡度最大的方向流动。而多呈漫流状态。随着水层增厚,冲刷能力的加强,薄层片状水体开始分离,形成无数细小股流。它们沿途时分时合,没有固定的流路,但它们之间一般仍有较薄的水层相连。若水流进一步集中,则面状水流就向线状水流转化。因此,坡面径流是地表流水形成的初期阶段,它具有水层薄、流路广、作用时间和流程短等特点。

坡面径流是坡地发育的重要因素。主要表现为冲刷、搬运和堆积作用三种方式。其作用强度的大小,首先取决于气候条件,降水量愈多或强度愈大,径流量就愈多,水流的冲刷和搬运能力相应增大,坡麓泥沙的堆积量随之增多。

地形与坡面径流作用强度之间的关系比较复杂。一般坡长愈长,沿程流量不断增加,冲刷能力相应增强,但随着坡长的增长,水流搬运的泥沙量随之增多,水流因耗能而可能使冲刷能力变小,甚至产生泥沙的堆积。对于坡度而言,坡度愈大,流速加快,冲刷能力增强,但坡度加大却又使坡地单位面积上的受雨量减小,造成冲刷能力因径流量的减小而减弱。此外,凸坡、凹坡、直线坡和混合坡等坡形的不同,面状水流作用强度亦有所差异。因而,各地地形与坡面径流的关系应具体分析,区别对待。从实测结果来看,一般在坡度小于20°的范围内,坡面径流的冲刷能力,随着坡度的加大而迅速增长。大于20°冲刷能力仍有增加,至40°左右达到最大值。此后,冲刷能力就随着坡度的加大而递减。

地表组成物质和植被对坡面径流也有很大影响。由裸露的基岩或黏土构成的坚实地面,雨水仅能润湿薄层表土,绝大部分降水迅速转化为坡面径流;渗透率高和结构好的表土,往往可以吸收部分水量,减少坡面径流量和冲刷量。植被不仅可以防止雨滴对坡面的直接冲击作用,还可减少坡面径流量和径流速度,减轻坡面冲刷能力。因此,植树造林是整治水土流失的有效措施之一。

二、坡面径流作用形成的地貌

根据坡地侵蚀与堆积强度的变化,自上而下,一般可将斜坡划分为下列三个坡面径流作用带,相应地形成了不同的地貌类型(图6-1)。

1. 不明显冲刷带

此带位于坡地上部,接近分水岭的地带。地貌类型以浅凹地为代表,主要指河谷源头的浅平低洼地。它在台地面或高平原上亦有分布。地势开阔微缓,呈波状起伏。因谷地源头坡度较缓,汇水量又小,故冲刷能力较弱。冲刷量顺坡随着径流量的增加而逐步加大,致使浅凹地在具有一定纵向倾斜凹槽的下端,渐渐变深,转化为深凹地,并进一步可与暂时性水流形成的侵蚀沟谷相连接。

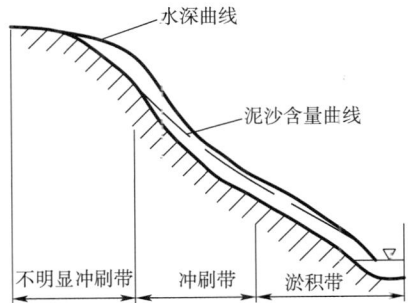

图6-1　坡面径流作用

在台地面或高平原上的浅凹地,坡面径流作用使物质不断向下移动,在浅凹地底部逐步堆积,形成平缓的地势和较厚的土层,常被辟为农田。

2. 冲刷带

位于斜坡中部。一般坡度变陡,随着面状水流进一步分异、积聚,径流量和流速有所增加,坡面冲刷强度加大,形成许多侵蚀纹沟。其流向与坡向基本一致,横剖面多呈V形,深度通常小于0.5m。

在上述两带的冲刷动力中,除坡面径流作用之外,雨滴的冲击作用也不能忽视,特别是裸露疏松的地表,雨滴降落以每秒数米的速度向地面冲击,将地表细颗粒泥沙向四周激溅。其中向下坡激溅泥沙的数量和距离比向上坡的大,因此,造成地表物质逐渐向下坡方向运移。

3．淤积带

在坡麓地带，由于坡度变缓，坡面径流流速减小，并有大部分水体渗入地下，所以水流携带的大量碎屑物质发生堆积，围绕着坡地下部呈片状覆盖，形如裙边，称为坡积裙。其纵剖面形态表现为微凹向下的缓倾斜曲线，上部倾角一般为 $6° \sim 8°$，向下坡逐步变缓。坡积裙的前缘，通常与河谷底部、山间盆地或山前平原相连接。

坡积裙是由坡面径流作用形成的坡积物所组成。其岩性与所在坡地的基岩相同。一般由粉砂、砂和块砾等碎屑物质组成，自坡积裙的顶部向前缘，机械组分由粗变细。由于这些物质搬运距离近，因此，碎屑物的磨圆度很差，分选性不好。在垂向剖面上，稍具层理结构，顺坡倾斜，并出现由坡面径流间歇性作用形成的韵律性成层堆积和碎屑物质透镜体。

在坡面径流的作用下，上述斜坡冲刷带和淤积带将逐渐向上移动，坡地上部冲刷作用使表土不断被蚀下移，尤其是不合理的耕作和植被的破坏，往往加速了表土的流失；而坡地下部则源源不断地接受来自上部物质的堆积，坡积裙向上发展，致使整个地区的地势日趋和缓。

三、坡积物特征与工程性质评价

坡积物的岩性成分决定于坡地上部的母岩成分。坡积物的机械组分一般以亚砂土、亚黏土为主，并夹有粗粒石块和碎屑。由于搬运距离不远，碎屑物的磨圆度很差，分选也不好。随每次坡面径流流量与强度的不同，各种粒径的碎屑物堆积的宽度也不相同。因此，在垂直剖面上就可以看到具有韵律性的成层堆积。在坡积物沉积的间隙中，也可能进行着风积作用，堆积有风成黄土。成层的坡积层具有与斜坡一致的层理。粒径均匀的土状坡积层则发育垂直节理。

总之，坡积物孔隙度大，结构疏松，沉陷性强，并易形成滑坡及土层流动，在其上进行轨道工程建设时，必须对坡积物的特征和物质成分做详细勘察，以保证工程建设的可行性和安全性。

第二节　沟谷水流及其地质作用

一、沟谷水流形成与作用

沟谷水流由面状水流发展而成，属暂时性线状水流。它具有水流流量变化大，暴涨暴落，沟底经常干涸无水。洪水时则水流湍急，含沙量大，泥沙粒径大小不一。沟谷水流在干旱、半干旱地区的草原或山麓地带分布尤为广泛。如我国黄土高原某些地区，植被稀疏，暂时性线状水流形成的沟谷迅速发展，地面遭受强烈切割，沟槽纵横交错，水土流失严重。

二、沟谷水流作用形成的地貌

在广大山区范围内，沟谷水流形成的地貌，分布广泛，垂直分带比较明显，自上而下，一般由下列三部分组成：

1．集水盆

系指位于沟谷上游的小型盆状集水洼地。盆底受后期流水的切割，常有小型侵蚀沟谷的发育。在坡面径流、沟流和重力的作用下,集水盆周壁不断遭到冲刷而后退,范围随之扩大。特别在地表坡度较大、植被稀疏、组成物质松软的地区,每当暴雨袭击时,集水盆地的扩展尤其迅速。

2.沟谷主干

它是集水盆地水、沙的通路。在洪水或暴流的作用下,沟谷受到强烈的冲刷,沟床下切深,谷坡陡峻,沟床的纵向坡降大,跌水发育。沟谷源头向源侵蚀速度快,致使有些沟谷上游的集水盆表现不显,甚至缺失。

3.洪积扇

自沟谷出山口后,坡降骤减,沟谷水流所携带的物质大量堆积,形成了以沟口为顶点的冲出锥或洪积扇。在干旱或半干旱地区的山麓地带,洪积扇发育往往非常典型、普遍。每当暴雨或冰雪大量融化时,巨大的洪流流出山口后,迅速展开成辐射状散流,加上一部分水渗入地下,水流搬运能力随之大减,大量砾石、沙泥发生沉积,形成一个以沟口为中心的半圆形扇状堆积体,称之为洪积扇。其面积可达数十至数千平方公里。扇顶与沟口相连,坡度较大,倾角可达5°～10°以上,边缘坡度逐渐减少。

由洪流搬运的碎屑物质在山口处呈扇形堆积下来,称为洪积物。在地貌上构成洪积扇。

三、洪积物特征与工程性质评价

洪积扇不同部位的组成物质,其对应的分布规律和特征不同,从扇顶到扇缘,可分为下列三个相带:

1.扇顶相

位于洪积扇顶部。通常表现为舌状叠覆的砾石堆积体。砾石粒径大,砾石间常有砂、黏土混杂充填。堆积层厚度大,分选差,透水性强。由于洪积扇上沟槽很不稳定,水流多次改道,摆动,因而小型的切割、充填构造发育,在砾石层或砂层中,常夹有砂质透镜体或砾石透镜体。

2.扇中相

位于洪积扇中部。组成物质较扇顶细,主要由砾石、砂和粉砂组成。扁平的砾石呈叠瓦状向上游倾斜。砂层中常见交错层理。砂质透镜体或砾石透镜体分布亦很普遍。

3.扇缘相

位于洪积扇边缘部分。组成物质较细,由亚砂土、亚黏土组成,有时夹有砂质或细砾石透镜体,具有水平层理和波状层理。地下水往往在该地带溢出地面,局部地段产生地表滞水和沼泽化等现象。

我国天山、昆仑山和祁连山等干旱、半干旱地区的山麓地带,洪积扇十分发育。在山前地区几个相邻的大型洪积扇,组合成整片的洪积扇平原,或称山前倾斜平原。在洪积扇的扇缘部分,水、土资源丰富,形成了成片绿洲。

在洪积物地层处建设建筑物,必须对此带的地层做详细准确的地质勘察,可以用钢管桩等方法处理地基,提高地基承载力,从而达到建筑的要求。

第三节　河流及其地质作用

一、河流形成与作用

河流普遍分布于不同的自然地理带,是改造地表的主要地质营力之一。

水流不断地塑造河床,其动能大小与水量 M 的一次方和流速 V 的二次方成正比,即 $E = (1/2)MV^2$。水流动能增强,夹带河流泥沙的能力也随之增大,会使河床发生侵蚀,反之则发生沉积。流水即通过侵蚀、搬运和沉积三种作用方式塑造着河流地貌。

1. 河流的侵蚀

河道水流破坏地表,并冲走地表物质称为河流的侵蚀。水流除本身的冲蚀作用外,并通过其所带的碎屑物作为工具对河床进行撞击和磨蚀。流水对河床的侵蚀按其作用的方向,可分为下蚀和侧蚀。

（1）下蚀

流水加深河床与河谷的作用称为下蚀(包括下切侵蚀和垂直侵蚀)。下蚀的强度取决于水流的动能、含沙量以及河床组成物质的抗冲强度。动能愈大,水中挟带的泥沙愈少;河床的组成物质愈松散,则下蚀速度愈快。河流的上游段以及山区河流坡度较大,河床下蚀作用强,当河流流经平原地区特别是进入河口段后,由于坡度减缓,流速减慢,夹带的泥沙也相应增加,下蚀强度大为减弱。通常把海平面作为河流下蚀的终极基准面。

（2）流水

拓宽河床和河谷的作用称为侧蚀(包括侧方侵蚀和旁蚀)。侧蚀主要发生在河床弯曲处,由于主流线迫近凹岸和横向环流作用,使凹岸受蚀,凸岸堆积,这就使弯道曲率半径不断减小,离心力不断增大,横向环流随之增强,侧蚀作用也就相应增强。河流的侧蚀作用使河床发生侧向迁移,并导致河曲的发育。河流的下蚀和侧蚀经常是同时进行的。当然,在河流的不同地段和不同的发育阶段,下蚀与侧蚀亦有主次之分,或以下蚀为主,侧蚀为次,或以侧蚀为主,下蚀为次。

此外,还有一种向源侵蚀,即向源头的后退侵蚀,亦称溯源侵蚀。这实际上是河流下蚀作用在源头或河床坡度突然转折处(瀑布、裂点)向上发展的结果。向源侵蚀的速度除受流速和水量控制外,取决于表面岩石和土层的松硬程度。向源侵蚀的结果使河床伸长。

2. 河流的搬运

河道水流携带泥沙及溶解质,并推移床底沙砾的作用称为河流的搬运作用。

（1）推移

泥沙颗粒沿河底滚动,滑动或做跳跃运动统称为推移。当床底有一定量的推移质向前运动时。床底就会出现各种床沙形体,呈波状起伏。大部分推移质的运动都呈沙波形式,因此可以根据沙波运动的速度及其形态变化来计算推移质的输沙率。据长江宜昌水文站实测沙波资料推算,推移质的输沙率与流速的四次方成正比。

（2）悬移

水流中夹带较细小的泥沙以悬浮状态进行搬运,称为悬移。泥沙能悬浮于水中,主要受紊流水质点垂直脉动速度的影响,悬移质的多寡与流速、流量及流域的组成物质有关。当水流条件改变时,推移与悬移是可以互相转化的,例如一定条件下为推移,当水流能量增大时可能转化为悬移。世界大河流中,悬移质输沙总量超过 10^8 t 的有 13 条,我国黄河输沙总量及平均含沙量均占世界首位。

（3）溶解质搬运

河流除以推移及悬移形式搬运泥沙外,还带走溶解于水中的溶解质。在石灰岩等可溶性岩地区,溶解质的数量是相当可观的。

3. 河流的沉积

当河流能量降低,不再有足够的能力来搬运其原来所搬运的泥沙时,就要发生泥沙的沉积。首先停止运动沉积下来的是推移质中的大颗粒,随着能量进一步减少,推移质将按体积和重量的大小依次停积,而悬移质将渐次转化为推移质,继而在床底上停积。

引起河流搬运能力降低的因素很多,主要有河床坡度降低,河流流量减少,以及人工筑坝拦水等。如河流由山地进入平原,河流曲流扩大使河流长度增加,河流注入静止的水体等都可使河床坡度降低;由渗漏、蒸发以及人工改道,引流使河流流量减少;支流携带大量泥沙和较多粗粒物质注入主流,都促使发生沉积。

河流的侵蚀、搬运和沉积作用是同时进行的,并且错综复杂地交织在一起,但在河流不同段落的作用性质和强度是有差别的,一般情况下在河流上游以侵蚀作用为主,下游以堆积作用为主。曲流河段内凹岸侵蚀,凸岸堆积。

二、河流作用形成的地貌

河流的侵蚀、搬运和堆积作用是相辅相成,同时出现的。例如在形成侵蚀谷的同时就形成了它自身的破坏产物——冲积物。但一般情况下在河流上游以侵蚀作用为主,下游以堆积作用为主。这种主次关系又随着时间、条件的改变而相互转化。

1. 河谷基本形态

在经常性水流为主的长期侵蚀作用下,高地面被蚀,自上游向下游呈现为连续伸展并大致逐步拓宽的河谷,其规模小的通常宽几米,长几十米,大的可宽达几十公里,长达数千公里。

河谷最基本的形态可分谷坡与谷底两大部分。谷底比较平坦,由河床与河漫滩所组成;谷坡分布在河谷的两侧,常有阶地发育。谷坡与谷底的交界处称为坡麓,谷坡上缘与高地面交界处称为谷肩或谷缘(图6-2)。

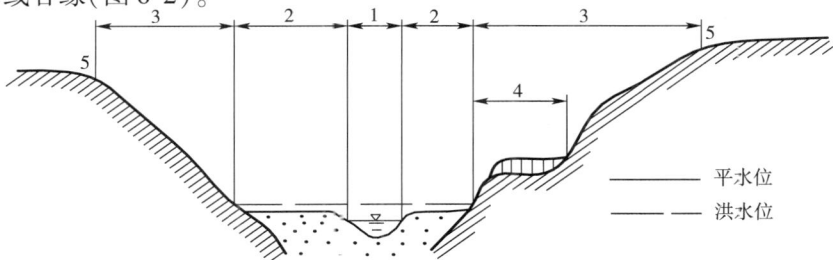

图6–2 河谷横剖面结构图
1-河床;2-河漫滩;3-谷坡;4-阶地;5-谷肩(谷缘)

山区河流开始发展阶段,河流坡降较大,下蚀作用强烈,往往形成深狭的峡谷,谷底常见急流、瀑布和壶穴。由于沿谷谷坡岩性强弱和块体运动发展程度的不同,谷地形态显有差异;按形态,可分出隘谷和 V 形谷。隘谷谷底狭隘,全为河床所占,谷坡直立,它属于河流下蚀作用塑造的地形,如金沙江虎跳涧段即是。V 形峡谷谷底比较开阔,两侧为倾斜谷坡,坡麓常有倒石堆,谷顶间距远大于河底宽度。从 V 形峡谷的形态表明,随河流下蚀的同时,块体运动和坡面流冲刷大量谷坡物质。

在河流进一步作用下,河床纵剖面坡度变小,侧蚀作用加强,河床被拓宽,并发育曲流和河漫滩,谷坡后退,河谷横剖面呈浅宽 U 形。以后,谷坡在长期剥蚀和沟壑刻蚀作用下,在宽广的河漫滩或冲积平原两侧,仅残留缓斜坡地或丘陵。

2. 河床地貌

1)河床纵剖面

河流平水期河水所占的谷底部分称为河床。从河源到河口,沿河床最低点所作的剖面称之为河床纵剖面。一般河流的上游河段或山地石质河床的纵剖面坡度较陡;中下游河段或平原冲积河床的纵剖面坡度较缓。从总体上看,多数河流的河床纵剖面呈凹形。

河流的下切侵蚀深度不是无止境的,通常是下切到接近某一水平面后,逐渐失去侵蚀能力,不再向下侵蚀,这一水平面称为河流的侵蚀基准面。侵蚀基准面又可分为终极侵蚀基准面和局部(地方)侵蚀基准面两种。控制河流下切侵蚀的最低基面称为终极侵蚀基准面。多数学者以海洋面作为河流的终极基准面。但很多河流下游水面达到海平面高度时,仍有一定的流速,使河床受蚀面低于海平面。如长江武汉以东的下游河段,有些地方河床低于海平面几十米到近百米。甚至在长江三峡,由于水流湍急下蚀作用强,有几段河床也低于海平面。局部侵蚀基准面是指河流流经的坚硬岩坎,湖泊洼地及主支流汇口处等,它们往往控制着其上游河段或支流的下切作用。这类局部侵蚀基准面虽然暂时地、局部地控制河流的向下侵蚀,可是在河流的发育过程中却起着重要的作用。

侵蚀基准面的变化必然引起河流的再塑造。当侵蚀基准面上升时,水面比降减少,水流搬运泥沙的能力减弱,河流发生堆积。相反,当侵蚀基准面下降时,因基面下降而出露的河床坡度增大,水流侵蚀作用加强,开始在新出露的河段发生侵蚀,然后逐渐向上游发展,导致溯源侵蚀。

溯源侵蚀现象在河流中极为普遍,除上述河口段因基面下降引起的后退侵蚀以外,主支流上游的沟谷源头向河间地的侵蚀、河流上各个跌水的向上游后退侵蚀等均属溯源侵蚀。在黄土高原沟谷源头向河间地的推进,每年可达数十米,这是由于源头或跌水处水流垂直跌落的强烈掏蚀作用造成陡坎上黄土岩层的迅速崩塌所致。溯源侵蚀使河床向纵深的方向发展,进一步引起河流纵剖面的变化。

天然河流在水流与河床长期的相互作用下,发育一定的断面和一定的河床坡降,使流域内的水流和所挟带泥沙畅通下输入海。当河床的侵蚀和堆积达到了平衡状态(即冲淤平衡状态)时所出现的河床纵剖面称为平衡剖面(均衡剖面),它是一个圆滑均匀的凹形剖面。达到平衡剖面的河流,其冲刷力量与河床的阻力相等,河流所具能量恰巧能够将来水和来沙下输,床底不发生显著侵蚀和沉积。

由于影响河床纵剖面形成和发展的因素,如气候、水文(流量、流速、泥沙量)、岩性、植被等相互间存在着紧密的联系。如果其中一个因素发生变化,其他因素将随之发生一系列调整,因此床底剖面上侵蚀和沉积两者之间的平衡关系是暂时的、相对的。

达到相对平衡状态的河流,并非静止不变,而是具有适应外界因素发生变化的自动调节能力。水流力求达到输沙平衡的状态,河床也发生相应的调整,趋近新的平衡。随着时间的推移,流域内绝对高度、相对高差将逐渐变小,沉积物的颗粒则逐渐变细,而河床纵剖面的坡度也将变得更加平缓。

2)沙波

沙波是冲积河床上常见的运动变化迅速的微地貌,当推移质运动达到一定规模时,河床表面多形成起伏的沙波,见图6-3。

观测表明:随着水流的加强,沙波运动及其相应的床面形态常经历几个不同的发展阶段。当水流流量或水面坡度增加到一定程度时,平坦的床沙就开始被扰动而形成沙波,沙波的尺度与河流大小无关,大江与小河的沙波尺度相差不大,波高一般仅数厘米,波形不对称,迎水坡缓而长,背水坡陡而短,迎水坡冲刷,背水坡堆积,沙波缓慢下移。在狭深河床上,沙波呈平行带状排列,宽浅河床则出现鱼鳞状排列的新月形沙波。若流量或坡度进一步增大可形成沙垄,沙垄的规模随河流的大小而异,大江沙垄波高以米计,波长则以百米计,波形与沙波雷同,分布不及沙波规则,下移速度较大,每天数米到十余米。流量或坡度再增,大量推移质转化为悬移质,沙垄消失,并再次形成平坦床面,但这时紧贴床面有大量泥沙在运动,故平坦的床沙上形成平行于流动方向的线状构造(水流线理)。如水流动力再增,当费洛德数大于0.8h,便形成逆行沙波,见图6-4。逆行沙波坡形对称,波幅较大,表面起伏与水面波动的起伏一致,水流经过沙波的迎水坡时,好像上坡一样,把部分泥沙就地卸下来,而越过波峰时,又有余力攫取部分泥沙,因此沙粒向下游方向搬运时,逆行沙波形体是向上游移动的。

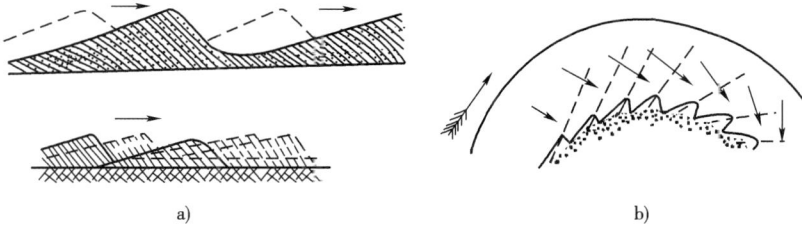

图6-3　沙波与小河湾
a)沙波;b)小河湾

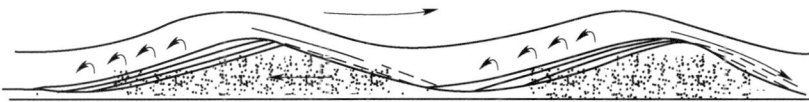

图6-4　逆行沙波

在天然河床上。往往同时存在好几种不同阶段的床沙形体,各自经历着不同的发展过程,这是由天然河流水力与泥沙因素在河床不同部位的分布不均匀性所决定的。

3)浅滩和深槽

在冲积河流的河床上,分布着各种形态的泥沙堆积体,其高程在平水位以下者,统称为浅滩。浅滩之间,水深较大的河槽部分称为深槽。浅滩与深槽交替分布,使河床上出现纵向波状起伏的微地形。

　　浅滩的形成是由于输沙能力小于含沙量,多半是在流速沿程突然变小。环流的减弱或消失,洪枯水流流路不一致等情况下产生的。在河湾凹岸和河床的束窄段,因受水流冲刷,而形成深槽。

　　浅滩段河床形态有:边滩、心滩、沙埂(也称航道浅滩)等(图6-5)。

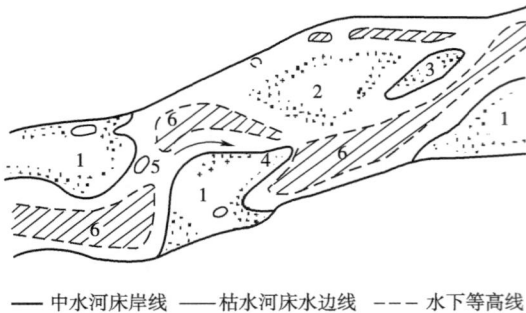

—— 中水河床岸线　——枯水河床水边线　--- 水下等高线

图6-5　河床形态

1-边滩;2-江心洲;3-心滩;4-沙嘴;5-深槽;6-浅滩

　　边滩与河岸相接,在枯水期露出水面。它主要分布在宽浅河床的岸边,展宽河段两侧的回流区和弯曲河段的凸岸边。心滩位于河心,主要分布在束窄河段上游的壅水区、迅速展宽的河段,或有支流汇入的河段。洪水期心滩被淹没,表面沉积大量较细泥沙,使其不断淤高。当其高程超过平水位时,它就转变为江心洲。如河床迁移,江心洲便靠岸并入河漫滩。沙埂是连接边滩与边滩、或边滩与心滩的水下堆积体。它隔断了上下深槽。因其水深较浅,枯水期往往成为航行障碍,故又称航道浅滩。

　　由于河水不断地向下游运动,河床上的浅滩和深槽的位置通常也是以缓慢的速度逐渐下移的。浅滩滩脊高程和深槽的深度往往具有年周期变化的特性。以航道浅滩和深槽为例,浅滩多半是经历洪淤、枯冲,而深槽则是经历洪冲、枯淤。枯水时,浅滩壅水作用明显,其水面比降大于深槽水面比降,这时深槽水深虽然大于浅滩,但比降的差异大于水深的差异,因此浅滩段的输沙能力大于深槽段,造成浅滩冲刷,深槽淤积;洪水期情况相反,浅滩的壅水作用消失,其水面比降与深槽差不多,而这时深槽的水深大于浅滩,水深的差异大于比降的差异,因此深槽段的输沙能力大于浅滩段,导致浅滩淤积而深槽冲刷。

　　4)石质浅滩和深槽及岩槛和壶穴

　　石质浅滩和深槽、石槛与壶穴都是山区侵蚀性河流的河床地貌。

　　石质浅滩是由基岩或粗大的乱石组成的,多处于崇山峻岭的峡谷河段中,常形成急流险滩。石质滩河床在平面形态上曲折多变,河面时宽时窄,纵剖面坡降很大,横断面两岸陡峻。除崩岩堕入河中,或溪沟冲出泥石流,河床会有局部变形外,河床基本形态是稳定的。石质深槽与石质浅滩相间分布,深槽每沿地质构造破碎带发育。如长江三峡三斗坪附近有八个石质深槽,其中长木沱深槽长为980m,深度低于吴淞零点36m。

　　岩槛是横亘于河底的坚硬基岩处,它与下游河床形成一个不连续的陡坡,常形成瀑布或跌水,并构成上游河段的地方侵蚀基准面。岩槛的形成与构造、岩性有关,断层活动带或岩脉露头处常常形成岩槛。

　　壶穴是基岩河床中被水流冲磨的深穴。壶穴分布在山区石质河床基岩节理充分发育或构造的破碎带。山区河床坡降大,水流急,能冲击岩石节理面或破碎带,掏蚀河床,形成深潭里的水流漩涡挟着砾石对河床进行磨蚀,能形成数米或更深的壶穴。

　　5)冲积河床的平面形态

　　平原河流在冲积层中流动,不受河岸基岩约束。由于流经的流域条件不同,河床的平面形态也各异,主要有顺直微弯型、弯曲型、分汊型和散乱型四类。

(1)顺直微弯型:河段顺直或略弯曲、河床曲折率小于1.5,但深泓线可弯曲;两岸边滩交错分布,横断面上边滩与深槽并列;上下边滩之间有浅滩(沙埂)相连,纵剖面上深槽与浅滩相间(图6-6)。

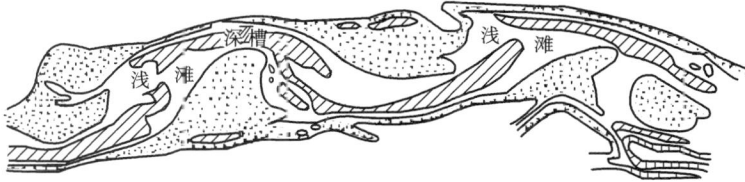

图6-6　顺直微弯型河道的平面形态

顺直微弯河床多分布于比较狭窄的顺直河谷,或两岸抗冲性强的河谷中,河漫滩由黏土组成,滩地高而植被好,河床平面摆动受到限制。河床组成物质的抗冲性差,随着深泓的摆动下移,边滩、深槽也相应的下移,河岸附近时而成为边滩,时而成为深槽,故这类河型对港口码头和取水工程都甚为不利。

(2)弯曲型(曲流型或蜿蜒型):弯曲型河床是最常见的河型。河床曲折率等于或大于1.5,平面上河床蜿蜒曲折,河漫滩宽广,深槽紧靠凹岸,最深点位于凹岸顶点偏下游处,河湾的曲率半径愈小,水深愈大。河床横断面不对称,凹岸深槽与凸岸边滩相对应,深槽与边滩延伸很长,均呈圆弧形。上下边滩由浅滩相连,浅滩位于两个反向河弯之间转折点,通常称其为过渡段(弯道的衔接段)浅滩,故纵剖面亦具阶梯状波折(图6-7)。

弯曲型河床多分布于河谷宽广、坡降平缓、河岸较低,并由二元结构组成的谷底,这里曲流摆荡有足够回旋的余地。关于弯曲河型的成因,假说很多,然而不管那种假说,对螺旋流在弯曲河型的形成和发展中的作用都是肯定的。在螺旋流的作用下,凹岸受到侵蚀、凸岸发生堆积,这是弯曲河床发展过程中最主要的特征。当弯曲河床发展到一定阶段,上、下两个反向河湾按某个固定点,呈S形向两侧扩张,河曲颈部愈来愈窄,当水流冲溃河曲颈部后便引起自然裁弯取直。河弯裁直

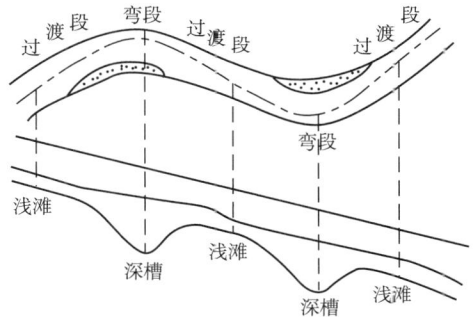

图6-7　弯曲型河床的平面形态

后,废弃的旧曲流便逐渐淤塞衰亡,成为牛轭湖;新河因流程缩短,比降增大,往往迅速拓宽,发展成为主槽。

(3)分汊型(江心洲型):分汊型河段河床宽窄相间,窄段为单一河床,宽段则由一个或几个江心洲间隔成二股或多股汊道(图6-8)。分汊型河床横断面为复式断面,汊河内水深和河宽均不及分汊前的单一河床,故汊河入口处的河床多呈倒坡与上游单一河床相接。各股汊河内的河床微地貌与相应的单一河床相似。

分汊型河床主要分布在束狭段上下方的开阔河段,这里由于壅水或水流扩散,淤积加强,沉积心滩,继而淤高成江心洲。此外,水流对边滩及沙嘴的切割也能形成汊河。汊河的发展与衰亡取决于汊河分流比(即进入汊河的流量占总流量的百分比)和分沙比(即进入汊河的泥沙量占总含沙量的百分率)的关系,分流比大于分沙比,往往引起冲刷,分沙比大于分流比通常

引起淤积,这样导致汊河的发展与衰亡。汊河衰亡,江心洲与河岸相连,则分汊河段又变为单一河床。在汊河发育过程中,如果洪枯水动力轴线(断面最大流速点的连线)在两汊交替通过,往往可以使汊河维持稳定状态。

(4)散乱型(游荡型):散乱型河床河段顺直,河身宽浅,水流散乱,槽滩高差不大,沙滩众多。河汊密布,无固定主槽(图6-9)。

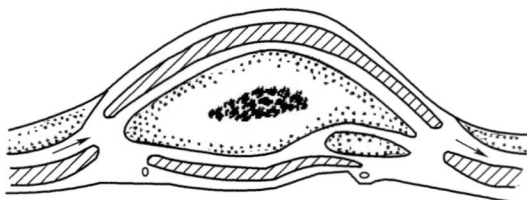

图6-8　分汊型河床的平面形态

图6-9　散乱型河床的平面形态

散乱型河床是严重淤积型河床。主要分布在沙多水少,洪水暴涨暴落,河岸及河床的抗冲性很小,而河床纵比降较大的河段。

散乱型河床主槽摆动不定,沙滩冲淤多变,床面迅速淤高,故也称其为游荡型河床。黄河下游孟津至高村段即为典型的散乱型河床,该段河床平均每年淤高10cm以上,已形成高出两岸地表10m以上的"地上河"。柳河口附近的深槽,一昼夜之间来回摆动的距离可达6km。

3. 河漫滩

当河流洪水泛滥时,除河床以外,谷底部分也被淹没,被淹的河底滩地称为河漫滩。河流中下游的河漫滩宽度往往比河床大几倍到几十倍。极宽广的河漫滩也称为泛滥平原或冲积平原。山区河流的谷底受岩岸的约束,河漫滩不十分发育,宽度较小,河漫滩常限于在河流凸岸。由于山区河流洪水位高,所以河漫滩高度也比平原河流为高,可分出高河漫滩、低河漫滩或数级河漫滩。

1)河漫滩的形成和沉积结构

在通常情况下,V形谷的谷底几乎全为河床所占据。粗粒沉积物一部分在河床上堆积,另外在河流凸岸地段,由于流速较缓也有堆积,形成滨河床浅滩。随着曲流的发展,浅滩不断展宽加高,以至在平水期大片露出水面形成雏形河漫滩,并与谷坡的坡积裙相接。这时因河谷还是比较狭窄,洪水期与平水期流速相差不大,所以雏形河漫滩上主要沉积了粗粒河床相的推移质沉积物,较细的悬移物质被带往河流下游。河谷再继续展宽,浅宽的滩上水流流速更加变小,即使在洪水时粗粒碎屑物已不能被带上滩地,只有较细的悬移质能沉积在这里。这样,便形成具有二元结构的河漫滩沉积。

从平原河流河漫滩二元结构的沉积剖面中,往往见到下部粗粒的河床相沉积中也不是均一的,而是愈近底部颗粒愈粗,愈到上部颗粒愈细,反映在河床侧蚀作用下主流随河床向侧方移动,在凸岸浅滩上,早期洪水流速大,残余的粗粒物粒径大,并常富集有用矿物;后期因河床弯曲度增大,浅滩上洪水流速稍小,残余的粗粒物粒径也相应变细些。而且,由于山地洪水暴涨暴落,极不稳定,所以下层粗粒的河底相沉积结构呈多次粗细重复出现的小层。有时在粗大的河床相砂砾层中,也能见到较细的粉砂或黏土夹层或透镜体。

2）河漫滩类型

由于河床类型不同,相随出现不同类型的河漫滩,可分为河曲型河漫滩、汊道型河漫滩、堰堤式河漫滩和平行鬃岗河漫滩。

（1）河曲型河漫滩:在弯曲型河床中,凹岸被蚀、凸岸堆积作用主要发生在洪水期,河床的移动往往是跃进式进行的。一次特大洪水使凹岸发生大量坍塌,相应地,在凸岸堆积成一条顺岸弯曲的沙坝又称滨河床沙坝;平水期堆积物较少,成为分隔前后两次洪水期的两列沙坝之间的洼地（图6-10）。沙坝在横向环流最明显的地段,如在河凸岸稍向下游一点的地方发育得最好,宽度和高度也最大,往上和往下沙坝逐渐变低缓,以至消失。沙坝横剖面呈不对称形态,向河床一侧呈缓坡,向岸一侧为陡坡。坝的高度和坡度视河流洪水量的大小,含砂量的多寡而异,一般高度约 1～3m,较大者可达 4～5m。沙坝通常由砂、粉砂、泥等组成,分选不佳。汇积结构下部为大小不等的交错层理,上部以沙波为主。

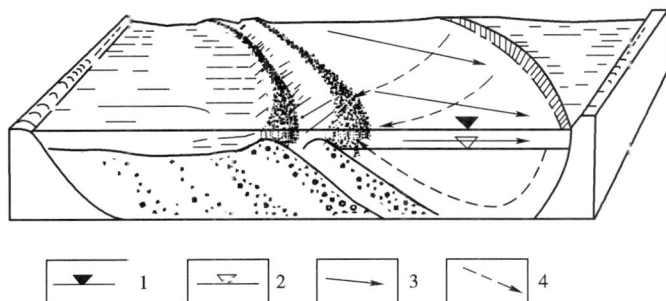

图6-10　滨河床沙坝的形成
1-洪水位;2-枯水位;3-表流;4-底流

（2）汊道型河漫滩:汊道型河流往往分为多股水流。假设歧分为两股水流,则分别出现两股相对方向的横向环流,在河床中心,水流辐合上升,最初在床底堆积暗沙,以后加积发展为露出水面的心滩。心滩头部受水顶冲,位置不断下移,心滩下端接受沉积,形成向下伸展的浅滩和附属沙嘴（图6-11）。

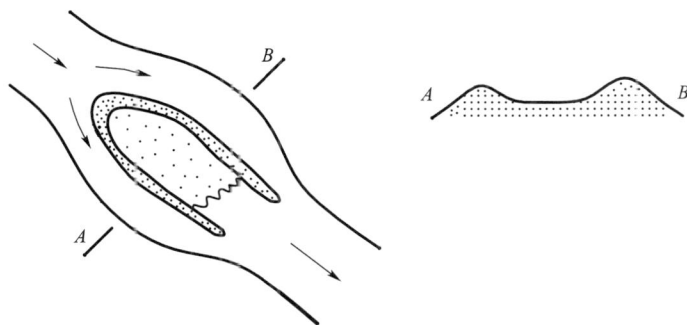

图6-11　心滩及附属砂嘴

（3）堰堤式河漫滩:在比较顺直或微弯的河段,如河床位置在相当长时期内变动不大,洪水期河水漫溢河岸,流速降低,搬运能力减弱,大量悬移质在岸边附近沉积下来,形成天然堤。天然堤沉积主要由粉砂和黏土组成,构成薄互层或楔状层理,厚几厘米至几十厘米不等,每次洪水泛滥,天然堤棚形增高,与此同时,河床也不断淤高,成为地上河。

由于天然堤的发育增长,堤后很大一部分低于河水面,成为低洼地。洼地排水不畅,常形成湿地和沼泽,甚至潜水为湖泊。洼地的沉积物都属悬浮的粉砂和黏土,沉积速度缓慢。层理一般不发育,有时可见水平纹层。在干燥区常形成泥裂,还可形成钙质和铁质结核。在湿润地区低水位时洼地积水并沼泽化,有机质可堆积达数米厚,形成了泥炭层或煤层。

有时天然堤可能堵塞了两侧支流下游河床,在那里形成小型湖泊。有些支流在堤后沼泽地低处与主流平行流动到很远的地方才找到缺口注入主河。密西西比河的支流耶佐河就具有这种特点,因而通常把这种支流称为耶佐式河流。

4.阶地

1)阶地形态

当一个地区受到构造上升或气候剧变,促使河流在它以前的谷底下切,原谷底突出在新河床之上,成为近于阶梯状地形,即河流阶地。阶地表面常遗留昔日谷底或河漫滩的沉积物,高出现今洪水期水面。(图6-12)。

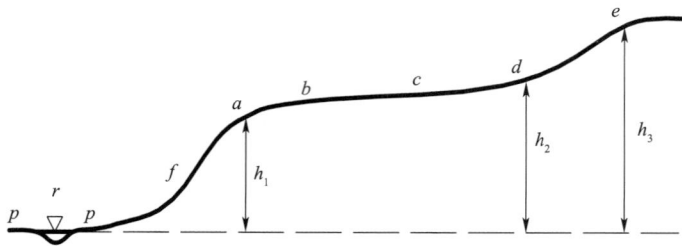

图6-12 河流阶地的要素

r-河床;p-河漫滩;f-阶地斜坡;a-阶地前缘;d-阶地后缘;e-第二级阶地前缘;$abcd$-阶地面;de-阶地陡坎;h_1-阶地前缘高度;h_2-阶地后缘高度;h_3-第二级阶地前缘高度

河流谷地可以发生多次淤积和下切,从而出现多级阶地。阶地级序通常由下向上标记,这是由于低阶地形成期较晚,形态保存比较完整,便于对比,而高阶地往往残缺不全。有时也采用地名来标志有代表性的阶地。

2)河流阶地的成因

形成阶地必须具备两个条件,即先发育一个相当宽广的谷底,后来河流向下侵蚀。河流下蚀的原因有构造运动、气候变化和侵蚀基准面下降等方面。

(1)构造运动:构造运动形成的阶地比较普遍。由于构造运动性质不同阶地形态也随之而异。在大面积均匀上升地区,侵蚀基准面下降,河流首先在下游段快速深切,以后河流裂点溯源而上,整个流域都将形成阶地。而且构造运动常呈间歇性,活动期与相对稳定期交替出现,上升期河流下蚀,稳定期侧蚀和堆积拓宽河谷,这样,在谷坡上形成多级阶地。

事实上,构造运动并不是大面积均匀上升,河流在一次构造上升期间,在某一上升幅度大的地区形成的阶地高度将比上升幅度小的地区大。而且构造运动方向不一。上升区形成阶地;下降区发生堆积,不形成阶地或形成埋藏阶地。

(2)气候变化:气候变化影响到河流中水量和含沙量。气候变干,河流水量减少,地面植被稀疏,坡面侵蚀加强,河水含沙量相对增多,表现为河床堆积填高。反之,气候湿润期,河流中水量增多,植被茂盛,河水含沙量相对变少,导致向下侵蚀。由于长期的气候干湿变化引起堆积,侵蚀交替作用,即形成气候阶地。

冰期和间冰期的更替可形成交叉阶地。冰期时源于冰川作用区的河流,携带大量冰川侵蚀的碎屑物在上游段发生加积;冰期时海面下降,侵蚀基准面降低引起下游段河流下切,形成河流阶地。间冰期时,气候转暖植物增生,河源地区进入河流的泥沙减少,上游段河流下切冰期加积的河床,形成阶地;下游段因间冰期时海面上升,填塞冰期时河床,形成埋藏阶地。

(3)侵蚀基准面下降:除构造上升作用外,海水体积本身变化,如冰期时海面大幅度低降,也引起侵蚀基准面的下降。由构造变动引起侵蚀基准面变化,称为陆动型,海面变化引起的基准面变化,称为水动型。基面下降后,河流向外伸展,原来河口附近出现裂点,加速河流下切,以后裂点位置不断上溯,裂点以下出现阶地,阶地面与裂点以上的河漫滩位置相当(图6-13)。

总的说,河流阶地的成因是很复杂的,必须详细地进行区域研究,仔细对比,才能区分出各种叠加因素,确定阶地的主要形成原因。同时,对河谷的纵横剖面进行研究,并分析阶地沉积结构与地貌特征是非常重要的。

3)河流阶地类型

根据阶地的结构和形成作用性质,可将阶地分为以下几种类型。

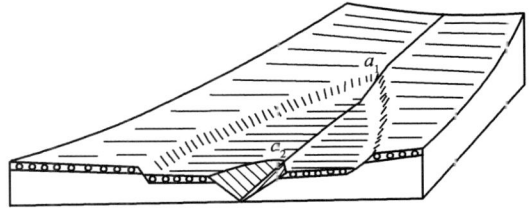

图6-13　阶地面与裂点

(1)侵蚀阶地(图6-14a):侵蚀阶地由基岩组成,阶地面上没有或残余零星河流沉积物。侵蚀阶地多见于构造抬升的山区河谷中。在形成时期,由于当时谷地比较狭窄,水流流速很大,在侵蚀成的谷底上很少有沉积物的堆积,或者即使有薄层的冲积物也几乎全被后期的剥蚀作用蚀去,因此在河流下蚀形成的阶地面基岩暴露,并常覆一些残积坡积物。侵蚀阶地一般沿谷地连续分布,它的高度与岩性不同所引起的差别侵蚀无关。

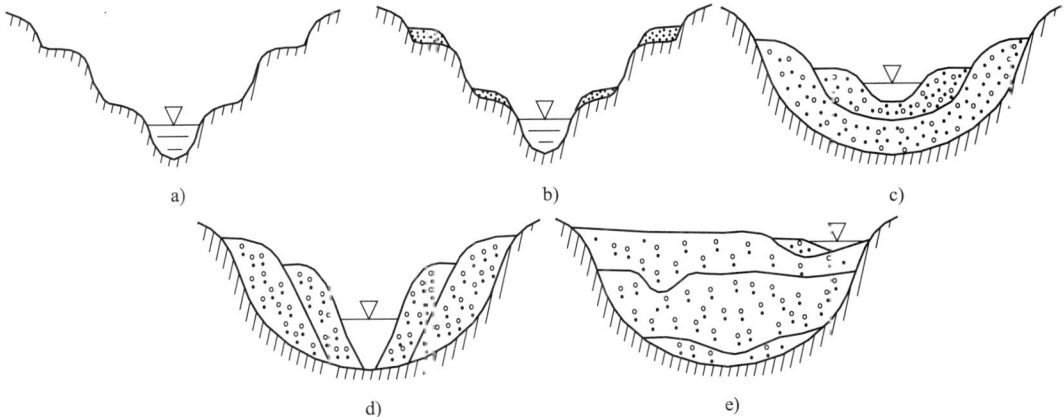

图6-14　阶地的类型
a)侵蚀阶地;b)基座阶地;c)上叠阶地;d)内叠阶地;e)埋藏阶地

(2)堆积阶地:堆积阶地在河谷的中下游最为常见,其形成过程首先河谷侵蚀成宽广的谷地,然后冲积物加积,最后河流下蚀形成阶地。

根据阶地间接触关系以及河流下切深度的不同,沉积阶地又可分为:

①基座阶地(图6-14b):这种阶地以基岩为基座,基岩顶面覆有河流冲积物。基座阶地的

形成是由于构造抬升,河流下切,并切过原先河谷的底部。

②上叠阶地(图6-14c):形成后期阶地时,河流下切深度较前期阶地下切深度小,河谷底部仍保留早期冲积物,因此每一较新阶地的组成物质就叠置于较老阶地的组成物质之上。

③内叠阶地(图6-14d):形成后期阶地时,河流下切深度达到发育前期阶地的谷底,年青阶地的坡麓触及基岩,新老阶地呈内叠相接。

④埋藏阶地(图6-14e):早期形成的阶地,被后期河流冲积物所掩埋,就形成埋藏阶地。其成因可分为两种,一种是河谷中已有多级阶地存在,后来构造运动下降或侵蚀基面上升,河流沉积物发生堆积,把早期形成的阶地全部埋藏。另一种是构造运动呈阶段性下降,早期阶地被新沉积物埋藏后,在新沉积物上由于河流下切形成新的阶地,新阶地又被更新沉积物覆盖转变为埋藏阶地。如此反复进行,可形成多级埋藏阶地(图6-14e)。

上述各种河流阶地都是在构造运动、侵蚀基准面变动或气候变化条件下形成,反映地貌演化具有明显旋回性质。此外,由于岩层产状和岩性影响,以及由于河流及块体运动本身作用,可形成构造阶地、河曲阶地等一些非旋回性阶地。

河流阶地不仅反映河流的发育史,也反映了区域的古地理环境。同时,河流冲积层中,往往含有金、锡等砂矿。阶地因其沿河谷纵坡方向分布,所以对轨道工程来说,顺应阶地面地势,有利于轨道线路展布和施工,能保证路基稳定。有多级阶地时,除考虑越岭高程外,一般利用一、二级阶地顺河谷方向布设线路。

5. 河口地貌

河流入海或入湖,与注入水体相互作用的地段,称为河口地区。对于入海河口而言,河流与海水相互作用,并不局限于口门附近,河流影响的强度,自口门向外逐渐减弱,而海洋作用的强度,则溯河而上不断减小。

三、冲积物特征与工程性质评价

不同地带的气候条件和水文动态条件使其相应冲积物的类型和结构特征不同。

1. 温带地区潮湿地带较大的永久性平原河流冲积物的特征

1)河床冲积物

河床冲积物是在曲流的发展中,与河流侵蚀作用同时形成的。主要的堆积作用发生在洪水期的深水区。冲积物在深水区的沉积规律,仍然应从单向环流的水流动态特点进行分析。在河床的凹岸及水流的主流线带,水流横向环流的下降部分侵蚀作用强烈,仅有一些从凹岸冲蚀崩坍及河底冲蚀破坏的一些坚硬岩块及巨砾堆积在河床的深槽底部,称为蚀余堆积。随蚀余堆积之后,河床冲积物主要可划分为近主流线堆积和滨河床浅滩堆积。

近主流线堆积是粗粒的卵石、粗砂、细砂等迅速尖灭的透镜体彼此相互交替,形成不规则的带状交替交错层。物质颗粒的分选性差,砾石圆度较好。

滨河床浅滩堆积其堆积物是分选较好的砂质沉积物、层理很规则,由于水下砂波发育,故常形成斜层理及交错层理。

2)河谷冲积物

随着河曲的发展,河谷加宽,河漫滩上堆积了洪水泛滥的河漫滩冲积物。一般地,可将平坦河漫滩划分为三带,各带冲积物具有不同特点:滨河床砂坝堆积带在剖面上构成具波纹层理的细砂与亚砂土、亚黏土;河漫滩沿河堆积带主要是亚砂土、亚黏土互层,有时有细砂、粉砂或黏土的薄层透镜体。层理性质多为很薄的水平层理及平缓的波状层理;河漫滩内部堆积带主要是亚砂土、亚黏土与黏土互层,具有水平层理或隐层理。

3) 牛轭湖冲积物

牛轭湖,又称弓形湖,是曲流发展中被抛弃的一段河床。牛轭湖冲积物一般呈蓝灰色,常具锈斑,这是具有潜育作用的特征。冲积物中化石丰富,含有大量的植物遗体和软体动物介壳。

2. 不同自然地理环境下冲积物类型和结构特征

随着自然地理环境和水文动态条件的变化,冲积物的结构和成分也会变化,形成另外一些类型的冲积物。

1) 山区河流冲积物

急转的山区河流,其冲积物几乎完全由河床相组成,其中没有牛轭湖相沉积,河漫滩相冲积物的发育也很差,甚至没有。在平水期水流清澈,河床相冲积物主要为砾石、卵石及粗砂。洪水期间,水流能量很大,带来巨大的卵石、砂砾石及浑浊的泥质物质。这些物质分选性很差,在这里,几乎见不到成层的砂、黏土层。

2) 由湖泊补给的河流冲积物

大湖是河流流量的巨大调节器,同时也是碎屑物质及溶解物质的沉淀池。这种河流的水文动态是没有明显的高水位,河漫滩不易受淹没,由于洪水中悬移物很少,所以不会形成大量的沉积物。其河漫滩相发育不良或缺失,冲积物几乎全由河床相沉积所组成。

3) 夏季局部干涸的草原河流冲积物

这种河流冲积物的特点与湖泊补给的河流恰恰相反,是一种河床相不发育的类型。草原地区的洪水淹没河漫滩,水流浑浊,大量悬移物质来源于植被稀疏,容易被冲刷的河间地及谷坡。河漫滩相冲积层受到风化作用的改造,并遭受成土作用,形成碳酸盐质亚黏土河漫滩冲积层,在这里,缺乏粗粒物质,形成一些砂质河床相冲积物。

4) 由冰川补给的河流冲积物

冰川补给的河流冲积物具有独特的特点。在距补给区很近的地方,能堆积较粗的砾石——砂质河床相冲积物。向下游逐渐变成有细小透镜体、波状层理的细砂——粉砂质河床相冲积物。由于河床宽阔,可以通过很大的流量,而且整个暖季的冰川融水造成的高水位流量与年平均流量比较接近,因此一般不会造成河流泛滥,原始河漫滩很少被淹没,河漫滩相沉积不发育。

对于冲积物的类型和结构特征的学习,有助于了解其形成的规律和特点。同时,对于工程的建设有很大的帮助。具体事物作具体分析,分析在不同条件下各种冲积物的特征及特殊规律,能对工程的前期地质勘察及后期的设计、施工提供很大的帮助。

复习与实践

1. 河流形成的地貌有哪些?
2. 河流阶地的成因是什么? 类型有哪些? 对城市轨道交通工程有何意义?
3. 简述坡积物、洪积物及冲积物的特征。

第七章 水 文 地 质

第一节 地下水的基本知识

凡存在于地面以下、土和岩石孔隙、裂隙及洞穴中的各种状态的水,均称为地下水。地下水是构成水圈的重要水体之一,其水量仅次于海洋,约为地球上各种水体总量($15 \times 10^9 \, \text{km}^3$)的4.1%;远远大于陆地上其他水体之总和。

地下水的活动不仅在地下对岩石和土产生机械破坏,而且作为一种溶剂还会使岩土产生化学侵蚀,尤其是对可溶性岩石的溶蚀作用更为强烈。正是由于地下水的活动,能使土体和岩体的强度和稳定性削弱,以致产生滑坡、地基沉陷、道路冻胀和翻浆等不良现象,给城市轨道交通工程建筑和正常使用造成危害;同时,地下水含有不少侵蚀性物质,如"CO_3^{2-}、SO_4^{2-}、Cl^-"等,这些物质对混凝土产生化学侵蚀作用,使其结构遭到破坏,所以,关于地下水的形成、分布、埋藏条件、运动规律等就成为各类工程中不可忽视的问题。

同时,地下水作为宝贵的天然资源,与国民经济建设和人们日常生活都有着密切联系。

下面先就有关地下水的一般情况,作些简要介绍。

一、地下水的来源及其存在状态

1. 地下水的来源

数量相当可观的地下水,在不同的地质条件下,有着不同的来源,归纳起来有以下几种:

(1)渗透水。大气降水、冰雪融水以及河水、湖水、海水都要通过土、岩的孔隙和裂隙向下渗透而形成地下水。渗透水是地下水的主要来源。

(2)凝结水。大气中的水蒸气在土或岩石空隙中遇冷凝结成水滴渗入地下而成地下水。凝结水是干旱或半干旱地区地下水的主要来源。

（3）原生水。原生水是来自地球内部的水，随着岩浆活动所携带的水蒸气在岩石孔隙中冷凝而成的岩浆水。岩浆水多分布于晚期火山活动地区。

（4）封存水。封存水是在沉积岩形成过程中，储存于沉积岩孔隙里的古代湖（海）水，当其被黏土物质覆盖、封闭于岩层之中被保留了下来，也称为"埋藏水"。封存水对研究古代沉积环境有重要价值。

2. 地下水存在的状态

地下水常以气态、液态和固态存在于岩体或土体之中，按它在岩土中的物理力学性质可分为下列几种状态：

（1）气态水。以水蒸气状态和空气一起存在于岩石和土层的孔隙、裂隙中，具有极大的活动性，常由蒸汽压力大的地方向蒸汽压力小的地方移动。当其相对湿度达到饱和或气温降到露点时，便凝结成液态水。气态水对岩、土的强度及性质均无太大的影响。

（2）吸着水。由于岩、土的颗粒以分子吸引力和静电引力将液态水牢固地吸附在颗粒表面，这种水称为吸着水，也称为强结合水。

（3）薄膜水。在吸着水外围，水分子仍受着岩、土颗粒静电引力的作用，被吸附在其表面构成的水膜，称为薄膜水，也称为弱结合水。

（4）毛细水。在岩、土细小孔隙、裂隙内，由于受表面张力和附着力的支持而充填的水，称为毛细水。当两者的力量超过重力时，毛细水能上升到地下水面以上的某一高度；但仍要受到重力作用的影响。

（5）重力水。当岩、土中较大孔隙、裂隙完全被水填充饱和时，其颗粒之间除结合水之外，在重力作用下能向深处渗入的水，称为重力水。

（6）固态水。是指埋藏在常年温度≤0℃的冻土中的冰。这种水多分布于高寒、高纬地区。

二、地下水的形成条件

地下水是在一定自然条件下形成的，它是地质发展过程中的必然产物，因此，它的形成与地质、气候、地貌和人为因素等条件有关。

1. 地质条件

地下水的形成，必须具有一定的岩石性质和地质构造条件。岩石的孔隙性是地下水形成的先决条件。地下水的储存和运动与孔隙、裂隙的大小、数量多少及连通情况有关。

岩（土）层性质不同，其孔隙性及透水性也各异。岩（土）层的颗粒愈大，形状愈不规则，排列愈疏松，粒度愈均匀，则孔隙愈大，透水性也愈强；反之，孔隙愈小，透水性也愈弱。例如：砾岩、中粗砂岩一般孔隙较大，透水性强；而粉砂岩的孔隙较小，透水性也弱。有的岩（土）层孔隙或裂隙数量虽多，但因孔隙、裂隙过小，加之连通情况不好，地下水就难在其间流动。例如：黏土层、页岩、泥岩及裂隙不发育的结晶岩石。

根据岩（土）层的透水性不同，可将岩（土）层分为透水层和不透水层。孔隙和裂隙多而大，能使地下水流通过的岩（土）层，称为透水层。贮存有地下水的透水层，称为含水层。孔隙和裂隙少而小，相对不透水的致密岩（土）层，称为不透水层或称隔水层（见图7-1）。

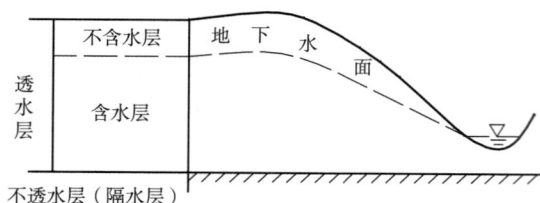

图 7-1 地下水储水构造示意图

地质构造常对岩层的裂隙发育起着控制作用,因而也影响着岩石的透水性。致密的不透水岩层,当其位于褶曲轴附近时可因裂隙发育而强烈透水;断层破碎带是地下水流动的通道。地质构造同时还影响着透水层与隔水层的不同组合。因而也就形成了不同类型的地下水。另外,向斜构造、断陷构造及张裂性断裂构造可直接形成良好的蓄水构造。

2. 气候条件

气候条件对地下水的形成有着重要的影响。因为这是决定地下水来源、带有区域性的因素,如大气降水、空气湿度以及当地的蒸发和凝结速度等方面的变化都将影响到地下水的水量。

以大气降水中的降雨来说,降雨强度和持续时间的长短,对地下水的形成和补给有很大的影响:小雨,因易蒸发掉,对地下水的形成和补给的意义不大;暴雨、大雨,虽在短时间内降雨量很大,但只有一部分能渗入地下形成地下水,而大部分因来不及渗透成为了地表径流。只有那种绵绵细雨,才最有利于地下水的渗透。除降雨外,固体降水(主要是雪)融化后也能渗入地下形成地下水;冰雪融水对干旱的山前平原、内陆盆地的地下水的形成有着重要的意义。

空气湿度对地下水形成的影响也很显著。当空气中的湿度很大甚至接近饱和时,这种水气进入岩、土的空隙就以凝结水的形式向下渗透形成地下水。

3. 地貌条件

地貌条件与地下水的形成关系也很密切。例如在平原地区,由于第四纪冲积层较厚,往往是地下水形成和埋藏的良好含水层。在山前倾斜平原的顶部和中上部地带,因多由洪积、冲积的粗大碎屑颗粒组成,也是地下水形成和埋藏的有利地带。在河谷地带,当河流经透水性良好的冲积层时,河水下渗,往往在河谷两岸分布有丰富的地下水。在山岭地区,如果没有什么特殊构造,一般不易停积大量地下水,而在山岭顶部因风化强烈或裂隙发育,岩体松散、破碎,也能储存来自大气的降水或冰雪融水。

4. 人为因素

随着人类经济活动的日益发展,对地下水的形成、埋藏、储量以及动态的影响日益增大。如修建水库或进行灌溉,可以增加地下水的补给量,促使地下水位上升,扩大地下水的分布范围等。而大规模的排水和抽取地下水,又可引起地下水位大幅度下降,有时甚至因此而引起地面下沉,导致建筑物发生变形以至破坏。

第二节 地下水的物理、化学性质

一、地下水的物理性质

地下水的物理性质主要包括温度、颜色、透明度、气味、味道和导电性等。

1. 温度

浅层地下水的温度冬暖夏凉,随着埋藏深度的加大,温度越高。其变化规律是:恒温层以上,水温受气候条件的影响具有昼夜和季节性的周期变化;恒温层以下,水温随地热增温率的变化而变化。根据温度值可将地下水分为:过冷水 $< 0℃$;冷水 $0 \sim 20℃$;温水 $20 \sim 42℃$;热水 $42 \sim 100℃$;过热水 $> 100℃$。热水可做能源及医疗用。

2. 颜色

地下水一般为无色,但因水中含有化学成分和悬浮杂质而常呈现出各种颜色。例如,含有三氧化二铁的水,多呈褐红色;含氧化亚铁的水呈浅蓝色;含腐殖质的水呈暗黄褐色;含悬浮物的水,其颜色决定于悬浮物的颜色。

3. 透明度

地下水多是透明的,但当其中含有矿物质、有机质及胶体悬浮物时,则地下水的透明度有所改变。一般将地下水的透明程度分为 4 级:透明的;微浑浊的;浑浊的;极浑浊的。

4. 气味

较洁净的地下水,通常是无气味,但由于其中含有某种气体或有机质时,便产生一定的气味。如含有硫化氢气体时,则具有臭鸡蛋气味;含有有机质时,便有鱼腥气味。

5. 味道

地下水的味道主要取决于水中的化学成分和气体。如含氧化钠较多,则具咸味;含钠、镁的硫酸盐较多,则具苦味;含较多的 CO_2,则味美可口;含有机质多,则有甜味。

6. 导电性

当水中含有一些电解质时,水的导电性增强,当然也要受到温度的影响。

通过对地下水的物理性质的研究,使我们能初步了解地下水形成的环境、污染情况及化学成分,这为利用地下水提供了依据。

二、地下水的化学性质

地下水不是纯水,而是一种复杂的溶液,其中溶有不同的离子、化合物、分子以及不同的气体。

1. 地下水的主要化学成分

地下水中的化学成分,通常以离子、化合物、分子及游离气体状态存在,常见的有:

阳离子:H^+、Na^+、K^+、NH_4^+、Mg^{2+}、Ca^{2+}、Fe^{2+}、Fe^{3+}、Mn^{3+}。

阴离子:OH^-、Cl^-、SO_4^{2-}、NO_2^-、NO_3^-、HCO_3^-、CO_3^{2-}、SiO_3^{2-}、PO_4^{3-}。

化合物:Fe_2O_3、Al_2O_3、H_2SiO_3。

气体分子:N_2、O_2、CO_2、CH_4、H_2S、Rn(氡)。

在地下水中分布最广的只有七种离子:Cl^-、SO_4^{2-}、HCO_3^-、Na^+、K^+、Ca^{2+}、Mg^{2+}。

地下水的矿化类型往往以阴离子来表征,如地下水中的主要阴离子为 HCO_3^-,阳离子为 Ca^{2+},则其矿化类型称为重碳酸钙型水;若水中主要阴离子为 SO_4^{2-},阳离子为 Na^+,则其矿化类型就称为硫酸钠型水。

2. 地下水的矿化度

水中所含各种离子、分子及化合物的总量称为水的总矿化度,以克/升(g/L)表示。一般测定总矿化度是把水加热到 105 ~ 110℃,让水蒸发干,剩下的残余物的质量即为水的总矿化度(即每升中含干涸残余物的克数)。

高矿化水能降低水泥混凝土的强度,腐蚀钢筋,促使混凝土表面风化,故拌和混凝土时不允许用高矿化水,在高矿化水中的混凝土建筑应采取防护措施。

3. 氢离子浓度(pH 值)

水的氢离子浓度表示水的酸碱度。pH 值是水中氢离子浓度的负对数值($pH = -\lg[H^+]$)。pH = 7 时为中性水;pH = 5 ~ 7 时,为弱酸性水;pH < 5 时,为强酸性水;pH = 7 ~ 9 时为弱碱性水;pH > 9 时,为强碱性水。

地下水的氢离子浓度主要取决于水中 HCO_3^-、CO_3^{2-} 和 H_2CO_3 的数量。自然界中大多数地下水的 pH 值在 6.5 ~ 8.5 之间。氢离子浓度为一般酸性侵蚀指标。酸性侵蚀是指碳酸可分解水泥混凝土中的 $CaCO_3$ 成分,其反应式为:

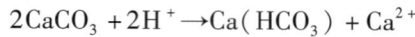

$$2CaCO_3 + 2H^+ \rightarrow Ca(HCO_3) + Ca^{2+}$$

4. 水的硬度

水的硬度按土中 Ca^{2+}、Mg^{2+} 离子的含量多少可分为以下三种情况:

①总硬度是指未煮沸前 Ca^{2+}、Mg^{2+} 的总含量;

②暂时硬度是指煮沸时水中一部分 Ca^{2+}、Mg^{2+} 因失去 CO_2 生成沉淀碳酸盐而使水失去的 Ca^{2+}、Mg^{2+} 数量;

③永久硬度是指经煮沸后仍留在水中的 Ca^{2+}、Mg^{2+} 含量,即是总硬度与暂时硬度之差。我国采用的硬度表示法有两种:一种是德国度,每一度相当于 1L 水中含有 10mg 的 CaO 或 7.2mg 的 MgO;一种是每升水中 Ca^{2+}、Mg^{2+} 的 mg 当量的硬度 = 2.8 德国度。根据硬度的大小,将地下水分为五类,见表 7-1。

水按硬度分类表　　　　　　　　　　　　　　　　　表 7-1

水 的 类 别		极软水	软水	微硬水	硬水	极硬水
硬度	Ca^{2+}、Mg^{2+} 的毫克当量(L)	<1.5	1.5 ~ 3.0	3.0 ~ 6.0	6.0 ~ 9.0	>9.0
	德国度	<4.2	4.2 ~ 8.4	8.4 ~ 16.8	16.8 ~ 25.2	>25.2

5. 地下水中的气体

地下水中溶解的气体很多,主要有二氧化碳(CO_2)、氧(O_2)、氮(N_2)、甲烷(CH_4)、硫化氢(H_2S)及氢(H_2)等。其中氧的含量,一般随深度而减少。硫化氢是硫酸盐在还原作用下生成的。甲烷的存在常与油田有关。深层的矿泉常含氮、氢,有时也含 CO_2。

6. 水的侵蚀性

水破坏各种建筑物的能力称为水的侵蚀性。

水的侵蚀性,根据铁道部标准分为碳酸盐侵蚀、镁盐侵蚀、酸性侵蚀、盐类结晶型侵蚀、溶出性侵蚀;国家《岩土工程勘察规范》(GB 50021—2009)中根据场地环境类别以及腐蚀介质等分为弱、中、强腐蚀。

<h1 style="text-align:center">第三节　地下水的分类</h1>

一、按埋藏条件分类

地下水按埋藏条件可划分为三大基本类型,即包气带水、潜水和承压水。

1.包气带水

在地表往下不深的地带,土、石的孔隙未被水充满,而含有相当数量的气体,故称为包气带。包气带中的水以气态水、吸着水、薄膜水、毛细水等形式为主;也有重力水,即上层滞水。所谓上层滞水是指埋藏在包气带中、局部隔水层之上的重力水(图7-2)。

上层滞水的隔水层,通常是弱透水或不透水的透镜状黏土或亚黏土。它们能阻止水的下渗而形成了季节的地下水。

上层滞水因是雨季出现,干季消失,水量一般不大,且分布范围有相当局限性。但由于它接近地表,能使土、石强度降低,造成道路翻浆和导致路基稳定性的破坏。因此,在设计施工时应予以查明并用适当方法给予处理。

在包气带中,除上层滞水外,还应注意毛细水。毛细水可对地基产生毛细水压力,引起基础的附加下沉。毛细水的存在能引起路面冻胀、翻浆,在城市轨道交通工程中可采用降低地下水位的方法克服毛细水的危害。

2.潜水

1)有关潜水的概念

潜水是指埋藏在地表以下第一个稳定隔水层之上、具有自由水面的重力水(图7-3)。

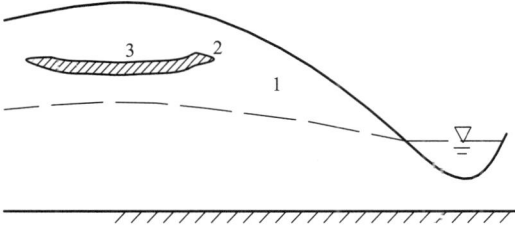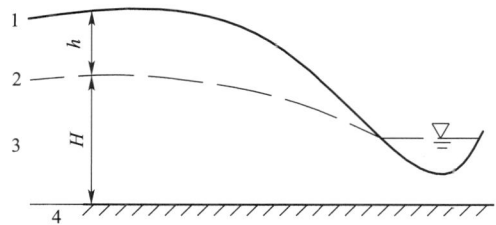

图7-2　包气带中上层滞水图式　　　　　　图7-3　潜水示意图
1-包气带;2-局部隔水层;3-上层滞水　　　1-地表面;2-潜水面;3-含水层;4-隔水层

潜水的自由表面,称为潜水面;潜水面上任意一点的高程,为该点的潜水位。潜水埋藏的深度是指潜水面至地面的垂直距离而言的;潜水含水层的厚度,是从潜水面以下至隔水层顶板之间的垂直距离。

潜水埋藏深度及含水层厚度的变化很大,在山区潜水埋藏深度一般由几十米到百余米;平原地区潜水埋藏则很浅。

潜水位和含水层厚度,通常随季节变化而产生升降和增减。干季,潜水位下降,厚度减小;湿季,潜水位上升,厚度增加。干季和湿季,常常是潜水位下降和上升的两个极限期。

潜水面的形状通常随地形而异,但潜水面的起伏变化比地形小。潜水在重力作用下,总是由高水位流向低水位,构成潜水流。

2)潜水的补给和排泄方式

(1)潜水的补给条件。大气降水的渗透是潜水的主要补给来源。大气降水补给潜水的数量与降水性质、植被、地势以及岩层的透水性等有关。降雨时间短促,无论暴雨、大雨或小雨都以地表径流形式被消耗掉了,补给潜水的量就很少,只有降雨时间长的雨水才能大部分下渗补给潜水;植被能防止水土流失,对潜水的补给是有利的;地势陡,雨水在坡面上流动快,不利于下渗补给潜水,地势平缓,有利于下渗补给潜水;岩石透水性好,对潜水的补给也有利。

除大气降水外,河水也是潜水的补给来源之一(图7-4)。河水在洪水期的水位常高于两岸潜水位,使潜水位有所升高。例如,有的大河下游的"地上河"(黄河下游河床一般高于大堤外的平地4~5m,最高处竟达10m)就属此种情况。

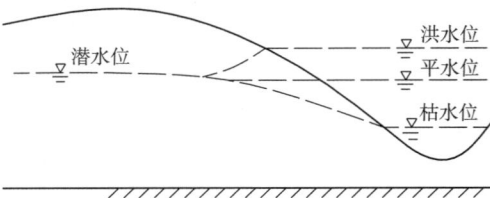

图7-4 河水位与潜水位的动态图示

(2)潜水的排泄方式。潜水排泄通常有两种方式:一种是垂直排泄,因潜水无上覆隔水层存在,透水层直接与大气接触,故可通过上覆透水层不断向上蒸发进行排泄。这种排泄是在埋藏较浅、气候干燥地区的排泄方式。另一种是水平排泄,即潜水在重力作用下,从高水位向低水位流动,以地下径流方式补给相邻地区的含水层,或以泉的方式出露地表,或因河谷切穿含水层而直接补给地表水。

在上述两种排泄方式中,垂直排泄因水分蒸发而盐分相对增加,使潜水的矿化度(即含盐量)升高。水平排泄是潜水带着盐分同时排泄,不会引起潜水矿化度的明显增加。在干旱、平坦地区,常因潜水埋藏浅、矿化度高使表土易于盐渍化。

3)潜水等水位线图

在城市轨道选线及施工中,有时为了弄清楚潜水的分布状态,需要绘制"潜水等水位线图",作为工程技术人员应当知道这种图件的编制方法和用途。潜水等水位图是以地形图为底图,根据工程要求的精度,在测绘区布置一定数量的钻孔、试坑,或利用泉和井,测出每个水文点的潜水位高程,然后将这些点以相应的位置投影在地形图上,再把同高程的水文点用光滑曲(虚)线连接起来,就绘成了潜水等水位线图,如图7-5所示。

根据潜水等水位线图,可解决下列问题:

(1)潜水的流向:潜水在重力作用下,总是由高水位线的垂直方向指向低水位线,如图7-5中"→"箭头所指方向。

(2)潜水的水力坡度:亦称潜水面坡度,潜水流向确定后,在流向上任取一线段,该线段距离内潜水面的平均坡度,即等于该段潜水位的高差与两者水平距离的比值:

$$潜水的平均坡度 = \frac{两等水位的高程差(H_2 - H_1)}{两等水位线间水平法线距离(L)}$$

从等水位线图中可以看出:等水位线的间距愈小,潜水的水力坡度就愈大。

(3)潜水的埋藏深度:在前面"一般概念"中曾提到这一概念,即图7-3中的"h"。在等水位线图中,等水位线与地形等高线相交之点,以二线高程差来计算,就是该地点的潜水埋藏深

度,或者根据任一点上的地面高程与该点潜水面高程的差值来计算,即:

$$某地点潜水埋藏深度 = 该地点高程 - 该地点潜水面高程$$

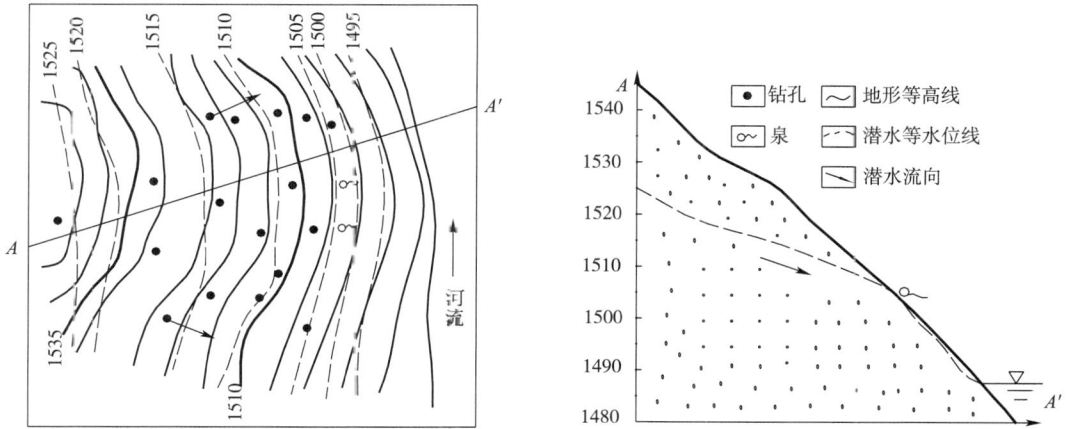

图 7-5 潜水图

(4)潜水与地表水之间的关系(如图 7-6):这主要是通过潜水等水位线与河道线之间的关系来分析的。当河道切入潜水面以下时,等水位线与河道相交,便会出现三种情况:图 7-6a)是因潜水面高于河水面,形成潜水补给河水;图 7-6b)是因潜水面低于河水面形成河水补给潜水;图 7-6c)是左岸潜水面高于河水面形成左岸补给河水,而右岸河水面高于潜水面,则形成河水补给潜水,成为互为补给的状态。

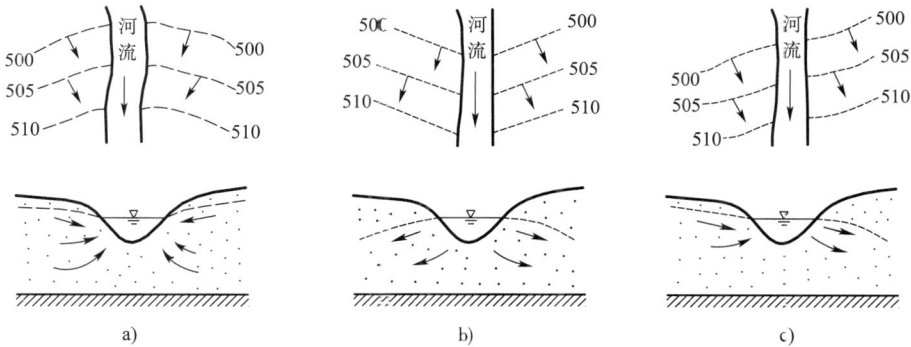

图 7-6 潜水与地表水之间的关系
a)潜水补给河水;b)河水补给潜水;c)两者互为补给

潜水等水位线图是评价水文地质条件的重要图件,它可以帮助我们了解潜水埋藏的深度、流向、坡度以及它与地表水的关系。但潜水位是随时间而变化的,所以在测定潜水位时要示注日期,一般只要绘制两个不同季节的潜水等水位线就够了,一是湿季的,称为最高潜水等水位线图。一是干季的,称为最低潜水等水位线图。界于两季之间的任何日期的潜水等水位线的状态就可以推算出来。

3.承压水(自流水)

充满于两个隔水层之间、含水层中具有水头压力的地下水,称为承压水。承压水如果受地质构造影响或钻孔穿透隔水层时,地下水就能受到水头压力而自动上升,甚至喷出地表形成自流水,如图 7-7 所示。

从图 7-7 中可知,承压水的形成与地质构造密切相关,其埋藏条件也很复杂。按承压水的埋藏条件(即地质构造形态)可将承压水分为两种类型:承压盆地和承压斜地。

1)承压盆地

地下水处于向斜构造或适宜于承压水形成的盆地构造(图 7-8)。承压水按其动态可分为三个组成部分,即补给区、承压区和排泄区。

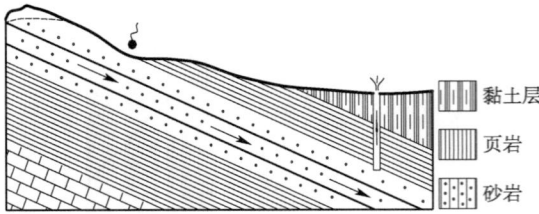

图 7-7 承压水与自流井

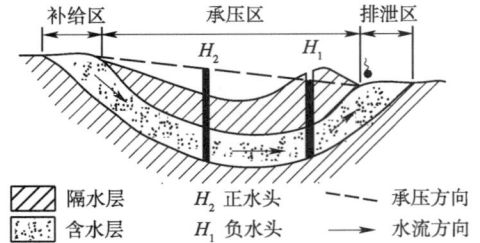

图 7-8 承压水示意图

(1)补给区:含水层较高的边缘出露地表,能接受大气降水和地表水补给的那个地段,因无隔水层覆盖,故地下水具有与潜水相同的性质。补给区与排泄区的相对高差决定着承压水的水头压力(静水压力)的大小。

(2)承压区:被隔水层覆盖并承受水头压力的地段。当钻孔穿透上覆隔水层后,承压水位便上升到隔水层顶板以上的某一高度,这一高程称为该处水的压力水头。压力水头各处不一,这取决于含水层处的隔水层顶板与承压水位之间的高差,两者相对高差越大,压力水头越高。当水头高出地面高程时,承压水便有可能涌出地表,这种压力水头称为正水头;如果地面高程高于承压水位,则地下水只能上升到地面以下的一定高度,这种压力水头称为负水头。

(3)排泄区:与承压区相连的低洼地段。这一地段可能因河流切入,含水层中的地下水压向河流被排泄,也可能因构造原因直接出露地表形成泉水排泄出来,或者补给该地区的潜水。

2)承压斜地

承压斜地的形成有两种不同的情况:一是断层构造和单斜构造所造成的承压斜地,如图 7-9a);二是含水层岩性发生变化,上部出露地表,下部在某一深部呈尖灭状,或称尖灭构造,图 7-9b)。

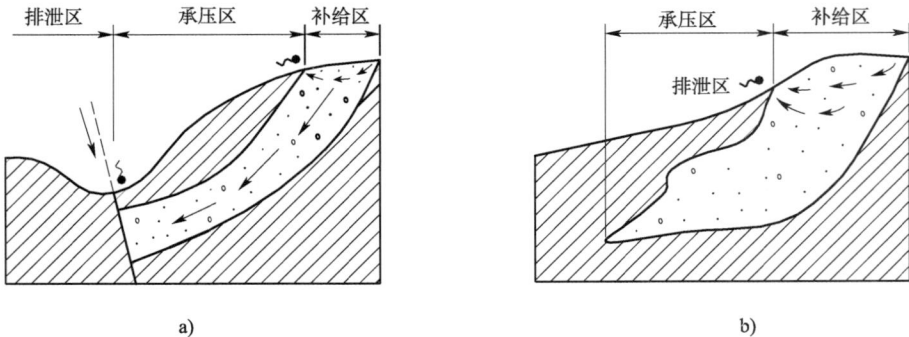

图 7-9 承压斜地

a)断层斜地;b)含水层尖灭构造斜地

由于承压水具有上覆隔水层,因而受气候、水文因素的影响较小,水量比较稳定,不易受到污染,水质良好,一般都为淡水,埋藏很深的承压水常是矿化度较高的水,如果以泉水的形式流出地表就形成矿泉。有些深部承压水具有非常大的静水压力和蒸汽压力,如西藏羊八井盆地,地热田二号机井喷时汽柱高达数百米,水柱高近 50m。

在承压水地区开挖深路堑、隧道及桥基时,应注意了解其上部是否有高压水头的承压水存在。因开挖后,如果隔水层顶板的预留厚度不足时,则往往会被这种承压水将隔水层顶板冲破成为"涌水"。因此,在轨道、路基、桥涵、隧道施工中,如有承压水,必须预先做好防水工作和排水措施,防止发生事故和影响工程质量。

二、按矿化度分类

矿化度是地下水化学成分的重要标志,在通常条件下,弱矿化度的水常常以碳酸氢根离子(HCO_3^-)为主要成分,中等矿化度的水以硫酸根离子(SO_4^{2-})为主要成分,强矿化度的水以氯离子(Cl^-)为主要成分。大量工程建设实验表明,地下水中的氢离子浓度(用 pH 值表示)、总硬度、侵蚀性 CO_2、游离 CO_2、硫酸根及镁盐等都会对轨道工程材料产生一定的影响。为了突出实用性和普遍性,以矿化度为主要指标对地下水进行分类,如表 7-2 所列。

地下水按矿化度分类表 表 7-2

类型名称	淡水	弱微盐水	强微盐水	盐水	强盐水
矿化程度	—	弱矿化度	中矿化度	强矿化度	
总矿化度(g/L)	<1	1~3	3~10	10~50	>50
主要成分	重碳酸根离子(HCO_3^-)	重碳酸根离子(HCO_3^-)	硫酸根离子(SO_4^{2-})	氯离子(Cl^-)	氯离子(Cl^-)

第四节　地下水对城市轨道交通工程的影响

近年来,城市轨道交通在我国迅猛发展,越来越多的城市开始兴建地铁、轻轨等项目。城市地铁、轻轨等都是一种线性构造物,具有距离长、与大自然接触面广的特点,其使用性能在很大程度上由当地自然条件决定,地下水作为主要的自然条件之一,若处理不当往往会诱发一系列病害。

一、地下水的主要危害及影响因素(表 7-3)

二、主要病害处置对策

为了保证城市轨道交通能充分发挥其相应的作用,必须考虑当地地下水埋藏深度、地下水的渗流量、地下水矿化度和地下水富水程度以及当地气候条件、地貌、含水介质和含水层性质和降水等因素采取一系列工程措施消除或减轻地下水对城市轨道交通工程的危害。

地下水对城市轨道交通的危害主要通过对地基的影响得以实现的,地基是城市轨道交通的根基,只有在干燥状态下,才有足够的强度和稳定性,保证其承载能力。因此,消除或减轻地下水对城市轨道交通工程的危害,关键在于地基的排水。

地下水对城市轨道交通工程的主要危害及影响因素分析表　　　表 7-3

研究对象		地下水对城市轨道交通工程的危害	主要影响要素
城市轨道交通路基	填方路段	1. 当地下水位较高,而路基填土高度又受到限制时,由于毛细作用,地下水会上升到路基,使路基的湿度发生变化。在寒冬季节,聚集在路基中的水分冻结后体积膨胀,引起路基的冻胀;当春暖化冻时,先融化的路基上层水分由于不能迅速排除,致使路基上层湿度增加,承载力降低。 2. 在气候干旱,蒸发量大于降水量的低洼地带,埋藏不深且矿化度高的地下水,由于排泄不畅将会沿毛细空隙上升不断蒸发,所含盐分聚集于地表,导致土体的盐渍化,对城市轨道路基造成不同程度的溶陷或盐胀等病害,盐渍土的含盐性质和盐渍化程度与地下水的水化学性质和矿化度密切相关。 3. 由于地下喀斯特水的活动,或因地面水的落水洞穴被阻塞,常会出现路基底冒水、水淹路基或水冲路基等现象	地下水埋藏深度、地下水的水质、含水介质和含水层性质
	挖方路段	1. 若挖方路段切穿地下水层,将会引起地下水出露,由于路堑阴湿环境不利于蒸发,若不做相应处理,常可导致路基湿度增加,承载力下降。 2. 开挖后的路堑底槽距地下水位较近时,由于毛细作用,地下水会上升到路基,使路基的湿度发生变化。 3. 地下水在渗透的过程中,渗透动水压力可能会引起边坡的凸起和滑坡现象,使边坡的稳定性受到不同程度的影响	地下水埋藏深度、含水介质和含水层性质、地下水的渗流量、地下水的埋藏条件
	填挖结合及沿溪线、山腰线、越岭线	1. 当地下水由挖方向填方渗透时,由于水位的差异,渗透动水压力方向将指向填方边坡,可能会引起填方路基边坡的凸起和滑坡现象,使边坡的稳定性受到严重的影响。 2. 渗透水流可能会带走路堤中细小的颗粒而引起路堤的变形。 3. 地下水位的变化还可直接影响到河谷阶地、岸坡或边坡岩土体的稳定。河水上涨时,地下水位升高,岩土被软化而抗剪强度降低;河水下落时,水沿岸坡渗出,产生动水力,对岩土的稳定性造成威胁,可能会诱发河谷阶地、岸坡或边坡岩土的滑塌	地下水埋藏深度、地下水的渗流量、含水介质和含水层性质
城市轨道交通工程构造物	隧道	1. 涌水是造成隧道塌方和使围岩丧失稳定的重要原因之一,涌水可以使岩质软化,使软岩山体松弛,并使其强度降低,促使围岩中软弱夹层泥化,减少层间阻力,易于造成岩体滑动,使某些岩类溶解和膨胀,使山体出现附加压力,厚含水层出现大量涌水时,将产生动水压力,出现流砂现象。涌水可分为集中涌水和稳定涌水,集中涌水有时以突然发生大量涌水的形式出现,往往造成停工和人身伤亡事故。稳定涌水受隧道长度、埋深、位置、含水层规模和透水性等影响,并与流域的枯水流量有密切关系。 2. 水质较差的地下水对衬砌结构将产生侵蚀作用。 3. 只要充满地下水,衬砌便要考虑静水压力的作用效应	含水介质和含水层性质、地下水的水质、地下水的渗流量

研究对象		地下水对城市轨道交通工程的危害	主要影响要素
城市轨道交通工程构造物	地基和基础	1. 地下水对位于水位以下的岩石、土层和建筑物基础会产生浮托作用。不合理的地下水流动会诱发某些地层出现流砂现象和机械潜蚀。 2. 地下水在基础底面以下压缩层范围内上升，会浸湿和软化岩土，从而使地基土的强度降低，压缩性增大，导致构造物的严重变形或破坏，尤其是对结构不稳定的岩土(如湿陷性黄土、膨胀性岩土、盐渍土等)，这种现象更为严重。若地下水在压缩层范围内下降，则增加土的自重应力，引起基础的附加沉降。如果地基土质不均匀，或地下水位的下降不是在整个建筑物下面均匀而缓慢地进行，基础就会产生不均匀沉降。此外，膨胀土及黏土等由于失水会发生收缩，也会引起建筑物同程度的变形或破坏。 3. 在严寒地区，当建筑物地基内埋藏有地下水时，水分往往因冻结作用而迁移和重新分布，形成水夹层或冰锥等，导致地基冻胀、融沉，使构造物产生变形，轻者出现裂缝，重者危及使用。 4. 土中易溶盐或胶结物被地下水溶解后，在渗流的机械力作用下被冲走，使土的空隙被扩大，逐渐形成管状渗流通道，从而掏空地基，使基础发生破坏;另外，在自下而上的渗透水流作用下，土体某一范围内的细颗粒同时被浮动、沸腾、冲走，造成大量的土体流动，致使地基破坏、地表塌陷。 5. 基坑的开挖深度低于地下水位时，地下水将会向基坑不断涌集和渗透，在渗流水的作用下，使地基发生渗流破坏，常见的破坏形式有管涌(潜蚀)和流砂(土)两种。 6. 基坑下若有承压水存在，开挖基坑时，由于底部隔水层的厚度逐渐变薄，承压水的水头压力可能会冲破基坑底板，发生突涌现象	地下水埋藏深度 地下水的水质 含水介质和含水层性质 地下水的埋藏条件 地下水的渗流量
城市轨道交通工程建筑材料		1. 地下水中所含的盐类会降低水泥混凝土的强度，腐蚀钢筋，对混凝土造成不同程度的侵蚀破坏。 2. 地下水中的硫酸盐类在加固土孔隙中能产生巨大的膨胀压力，造成加固土的疏松	地下水埋藏深度 地下水的水质 含水介质 地下水的埋藏条件

排除地下水的方法宜用拦截、汇集、隔离和导流等形式。在某些情况下，还需降低地下水位。由于地下排水结构物的构造一般都比地面排水结构复杂，维修、改建较困难，所以，设计和施工都应特别精心，以免建成后使结构物失效而酿成后患。

1. 用土工布作隔离层排除路基地下水

土工布宜用于地下水位较浅的饱水松软地基，尤其是沼泽化湿地，海洋和湖泊沉积的细颗粒泥沼地基。土工布能均匀分布荷载，增强土基模量，减小对地基的应力集中，隔离地下水向地基反渗，减小孔隙压力，让土基趋于密实，提高土的内摩擦角和内聚力，增加地基承载力。

2. 利用天然砂砾排除地下水

在地基上铺筑透水性和水稳性都较好的天然砂砾，可以隔离毛细水和排除地下水。

3. 盲沟排除地下水

用盲沟排除地下水,宜用于浅层裂隙水路段。但是,盲沟工艺繁琐,尤其不适合机械化施工,一般不宜多用。

4. 暗沟排水

暗沟的作用主要是把路基范围内的泉水和较集中的裂隙水排到路基范围以外去,使其不在路基中扩散,危害路基。暗沟出口处应高于路外排水沟最高水位,一般不得小于 20cm,防止排水沟倒灌。

5. 渗沟排水

渗沟排水,宜用于地下水位较浅,又能较好地解决出口位置的挖方路基。渗沟底宽以满足排除地下水最大流量为原则,渗沟深度一般大于 2m。

6. 深边沟排水

深边沟的作用是汇集和排除路基范围的路基地下水及流向路基的少量地面水,不宜与其他沟渠合并使用。

复习与实践

1. 什么叫地下水?地下水来自哪几个方面?它对岩、土体的强度和稳定性有何影响?

2. 地下水的形成必须具备哪些条件?

3. 什么叫潜水?简述潜水的补给条件和排泄方式。

4. 什么叫潜水等水位线图?根据潜水等水位线图可解决一些什么问题?

5. 什么叫承压水?承压盆地和承压斜地的承压水是怎样形成的(可用简图标出两者承压水形成的原理)?

6. 地下水中的化学成分通常以哪些状态存在?其中分布最广的是哪些化学元素?

7. 什么叫地下水的矿化度?按矿化度将地下水分为哪几类?研究它们有何意义?

8. 地下水对水泥混凝土的侵蚀表现在哪些方面?对地下水侵蚀性应采用哪些最简便的防治措施?

9. 地下水对城市轨道交通工程的危害有哪些?

第八章 不 良 地 质

第一节 崩 塌

一、崩塌的作用方式及分类

崩塌系指岩土体在重力和其他外力作用下脱离母体,突然从陡峻斜坡上向下倾倒、崩落和翻滚以及因此而引起的斜坡变形现象。崩塌通常都是在岩土体剪应力值超过岩体的软弱结构面(节理面、层理面、片理面以及岩浆岩侵入接触带等)的强度时产生,其特点是发生急剧、突然,运动快速、猛烈,脱离母体的岩土体的运动不沿固定的面或带,其垂直位移显著大于水平位移。

1. 崩塌作用方式

崩塌按发生的地貌部位和崩塌方式又可分为山崩、塌岸和散落。

(1)山崩。山崩是山岳地区常发生的一种大规模崩塌现象,山崩时,大块崩落石块和小颗粒散落岩屑同时进行,崩塌体能达数十万立方米。山崩常阻塞河流、毁坏森林和村镇。

(2)塌岸。岸河岸、湖岸(车岸)或海岸的陡坡,由于河水、湖水或海水的冲蚀,或地下水的潜蚀作用以及冰冻作用,在岸坡的水面位置常被掏空,使岸坡上部物体失去支持而发生崩塌,称为塌岸。

(3)散落。散落是岩屑沿斜坡向下作滚动或跳跃式连续运动。其特点是散落的岩屑连续地撞击斜坡坡面,并带有微弱的跳动和向下作旋转运动,跳动是岩屑从某一高度崩落到下坡形成反跳,也可能是快速滚动的岩屑撞击不平整的坡面而跳起。

2. 崩塌的分类

崩塌的分类可按不同的原则来考虑:一是根据坡地的物质组成分类;二是根据崩塌体的移

111

动形式分类。

（1）根据坡地的物质组成可划分为：

①崩积物崩塌：这类崩塌是山坡上已有的崩塌岩屑和砂土等物质，由于它们的质地很松散，当有雨水浸湿或受地震振动时，可再一次形成崩塌。

②表层风化物崩塌：这是在地下水沿风化层下部的基岩面流动时，引起风化层沿基岩面崩塌。

③沉积物崩塌：有些由厚层的冰积物、冲积物或火山碎屑物组成的陡坡，由于结构松散，形成崩塌。

④基岩崩塌：在基岩山坡上，常沿节理面、地层面或断层面等发生崩塌。

（2）根据崩塌体的移动形式可划分为：

①散落型崩塌：在节理或断层发育的陡坡，或是软硬岩层相间的陡坡，或是由松散沉积物组成的陡坡，常常形成散落型崩塌。

②滑动型崩塌：这类崩塌沿一滑动面发生，有时崩塌体保持了整体形态，这种类型的崩塌和滑坡很相似。

③流动型崩塌：降雨时，斜坡上的松散岩屑、砂和黏土，受水浸湿后产生流动崩塌。这种类型的崩塌和泥石流很近似，实际上，这是坡地上崩塌型泥石流。在北京西山一带称这种崩塌泥石流为龙扒。

上述各种类型崩塌并不是孤立存在的，在一次崩塌中，可以有几种形式的崩塌同时出现，或者由一种崩塌形式转变为另一种崩塌形式。

二、崩塌形成的条件

1. 地形条件

地形条件包括坡度和坡地相对高度。

坡度对崩塌的影响最为明显，斜坡上的物体，它的重力切向分力和垂向分力是随着山坡坡度大小而变化的。当山坡坡度达到一定角度时岩屑重力的切向分力能够克服摩擦阻力而向下移动。一般大于33°的山坡不论岩屑大小，都将有可能发生移动。

坡地的相对高度和崩塌的规模有关，当坡地相对高度超过50m时，就可能出现大型崩塌。

不同岩性的山坡，形成崩塌的坡度也不完全相同。在无水情况下，一般岩屑坡的坡度休止角是30°~35°，干沙的休止角为35°~40°，黏土的休止角可达40°左右。

同一种岩性但结构不同，它们的休止角也不同，例如原生黄土的结构较致密，超过50°的坡地才会发生崩塌，而次生黄土的结构较松散，30°左右就发生崩塌。

2. 岩性条件

（1）由坚硬、性脆的岩石（厚层石灰岩、花岗岩、石英岩、玄武岩等）构成的较陡的斜坡，如其构造、卸荷节理发育，并存在深而陡的、平行于坡面的张裂隙时，有利于崩塌落石的发生。

（2）软硬岩互层（如砂岩与页岩互层、石灰岩与泥灰岩互层等）构成的陡峻斜坡，由于抗风化能力的差异,常形成软岩凹,硬岩凸的斜坡,也易形成崩塌落石。

(3)黄土垂直节理发育,形成的陡坡,极易产生崩塌。

(4)陡坡上部为坚硬岩石,下部为易熔岩或软岩(如煤系地层)时,或受河水冲蚀破坏,或受人为活动的变形影响,硬岩受张应力的作用,裂隙进一步向深部发展,当形成连续贯通的分离面时,便易形成大崩塌。

3.构造条件

(1)线路走向与区域性构造线平行贴近,且采用深挖方时,崩塌落石十分严重。

(2)几组构造线的交会处,往往是崩塌的多发处。

(3)当岩体中各种软弱结构面的组合位置处于下列最不利的情况时易发生崩塌:

①当岩层倾向山坡、倾角大于45°而小于自然坡度时;

②当岩层发育有多组节理,且一组节理倾向山坡,倾角为25°~65°时;

③当二组与山坡走向斜交的节理(X形节理),组成倾向坡脚的楔形体时;

④当节理面呈弧形弯曲的光滑面或山坡上方不远有断层破碎带存在时;

⑤当岩浆岩侵入接触带附近的破碎带或变质岩中片理片麻构造发育,风化后形成软弱结构面时。

4.气候条件

气候可使岩石风化破碎,加快坡地崩塌形成的时间。在日温差和年温差较大的干旱半干旱地区,物理风化作用较强,较短时间内岩石就会风化破碎。例如,兰新铁路一些新开挖的花岗岩路堑,仅四、五年的时间,路堑边坡岩石就遭到强烈风化,形成崩塌。崩塌通常发生在降雨季节。根据日本1949~1959年的崩塌资料分析,绝大多数的崩塌,集中发生在6~7月的雨期和9月的台风雨期(图8-1)。

5.地震因素

地震是崩塌的触发因素。地震时,能形成数量多而规模很大的崩塌体。

例如,1920年宁夏海原8.5级地震,仅在极震区就有650多处发生大规模的崩塌(其中有一部分是滑坡),地震形成的崩塌分布在上万平方公里范围内,大规模的崩塌常形成天然堤坝,阻塞河流而成湖泊,仅西吉县境内这次地震造成的崩塌就形成41个堰塞湖,至今尚存27个。

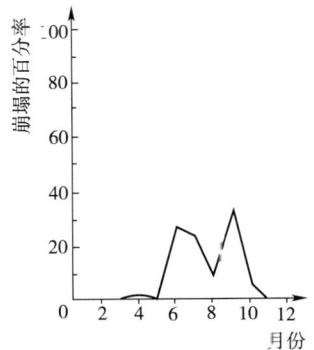
图8-1 崩塌与气候

6.人为因素

在山区进行各种工程建设时,如不顾及地形条件,任意开挖,常使山坡平衡遭到破坏而发生崩塌。另外,任意砍伐森林和在陡坡上开垦荒地也常引起崩塌。

三、崩塌的工程地质勘测

1.崩塌勘测要点

崩塌勘测以工程地质测绘和调查为主,平面图测绘比例尺宜采用1:500~1:1000,顺可能

崩塌方向的横断面图,比例尺宜采用1:200。其内容主要为:

(1)调查崩塌的特征、类型、分布范围和崩塌体的大小及其发展过程。

(2)查明崩塌区的斜坡外形、坡度、山体危石分布情况及坡脚堆石情况。

(3)查明斜坡的地层构造、岩体的结构类型,结构面的发育程度、产状、组合关系、延展及贯穿情况、闭合及填充情况。

(4)搜集当地气象、水文及地震资料。

(5)调查崩塌前的迹象,分析崩塌的内、外原因。

(6)调查当地防治崩塌的经验。

2.崩塌的工程地质评价

对崩塌区应根据山体地质构造格局、变形特征、规模及其危害程度,圈出可能崩塌的范围和危险区,对各类建筑物和线路工程的场地适宜性作出评价,并提出防治对策和方案。

(1)对山高坡陡;岩层软硬相间,风化严重;岩体结构面发育、松弛且结合关系复杂,形成大量破碎带和分离体;山体不稳定,可能崩塌的落石方量大于5000m,破坏力强,难以处理的严重崩塌区,不应作为各类建筑物的建筑场地,线路应予绕避,确无绕避可能时,必须采取切实可靠的措施。

(2)对山体较平缓;岩层单一,风化程度轻微;岩体结构面密闭且不甚发育或组合关系简单,无破碎带和危险切割面;山体稳定,斜坡仅有个别危石,可能崩塌的落石方量小于500m,破坏力小,易于处理的轻微崩塌区,作为建筑场地时,应以全部清除不稳定的岩块为原则,对稳定性稍差的岩块应采取加固措施。

(3)对介于上述两类之间的一般崩塌区,若坡脚与拟建建筑物之间设有保证安全的足够距离时,必须对可能崩塌的岩体加固处理;线路必须通过时,应采取防护措施。

四、崩塌的防治

1.防治原则

以防为主,整治为辅。

(1)"大绕小防"。

(2)城市轨道交通工程设计和施工中,避免使用不合理的高陡边坡,避免大挖大切;岩体松散破碎带不宜大爆破施工。

2.防治措施

(1)清——清除坡面危石。

(2)固——坡面加固。采用喷浆、抹面、砌石防止岩层进一步风化;采用锚栓、灌浆、勾缝以恢复和增强岩体完整性。

(3)支——危岩支顶。用混凝土作支柱、支墩、支墙、支垛以增加斜坡的稳定性。

(4)截——拦截防御。修落石网、落石槽、拦石墙等。

(5)调——调整水流。修筑截水沟,封底加固灌溉引水、排水沟渠,防止水流大量渗入岩体影响斜坡稳定性。

第二节 滑 坡

一、滑坡及其影响因素

1.滑坡的含义及特点

斜坡岩土体由于边界条件的改变及地下水活动、河流冲刷、人工切坡、地震活动等因素的影响,在重力作用下,沿着一定的软弱面(带),缓慢整体向下滑动的坡面变形现象称为滑坡。

滑坡的特点是滑体在向下滑动时始终与下伏滑床保持接触,其水平移动分量一般大于垂直移动分量。

2.影响滑坡的各种因素

1)地下水

地下水可使土(岩)体发生复杂的物理-化学过程而失去稳定,产生滑坡。例如:

①土(岩)体颗粒间的孔隙水将降低细颗粒间的吸附力;

②地下水能溶解土体中的胶结物,如黄土中的碳酸钙,使土体失去黏结力;

③地下水增加空隙压力,降级抗剪强度;

④饱含水分的土(岩)体,增加土体单位体积的重量,因而加大平行滑动面的重力分力;

⑤地下水沿滑动面运动,使摩擦系数减小,阻力降低。

2)地表水

地表水对滑坡的影响可表现为:

①河水的侵蚀或海浪、湖浪的冲击,在河岸、海岸和湖岸(库岸)的坡脚水面附近进行掏蚀,使岸坡物体失去支持而产生滑坡;

②降雨或融雪时,将有一部分水分渗透到土壤中,将其浸润而使之滑动。

3)斜坡岩石结构和岩性

①岩石结构和滑坡的关系表现在滑坡常沿断层面、节理面、岩层不整合面或岩层层面滑动,尤其在岩层倾向与斜坡倾向一致,而岩层倾角小于斜坡倾角时最易形成滑坡(图8-2);

②松散沉积层中发生的滑坡,多与黏土夹层有关或沿松散沉积物和基岩面之间滑动;

③基岩中的滑坡多发生在千枚岩、页岩、泥灰岩和各种片岩等地区,因为这些岩石遇水时容易软化,在斜坡上失去稳定,产生滑坡。

图8-2 顺层滑坡

4)地震

地震时对滑坡起触发作用,一次大地震,常形成许多规模巨大的滑坡。

1960年智利8.5级大震时,形成了数以千计的滑坡,在莱尼赫湖发生的三次大滑坡,分别有300万m^3、600万m^3和3000万m^3的滑坡体进入湖中,使湖水上涨24m,湖水溢出淹没了湖西65km的瓦尔迪维亚城,水深达2m。

1933 年四川岷江上游叠溪地震,在数分钟内发生巨大滑坡(伴随崩塌),约有 1 亿 m^3 的石土滑动,形成 100 多米高的滑坡壁,滑坡体将岷江堵塞,有三处因堵塞积水成湖,高出原河床160m 之多。地震 20 天后(9 月 14 日),最上一个湖泊的湖水盈溢,注入下游湖中,至 10 月 7日,又将下游湖注满,水溢堤而出,至 10 月 9 日下午 7 时左右,堰基崩溃,湖水倾出,犹如一道水墙直冲而下,岷江两岸凡水流经过处,村庄人畜和碎石一扫而光。

5)人为因素

人为因素大都是人工挖土,破坏斜坡稳定而使滑坡体发生滑动。如在可能发生滑坡的斜坡下部或在稳定的古滑坡体的下方开挖土体,降低了支持上部土体的阻力而引起滑动。此外,人工在坡顶堆积废渣土,能加大坡顶载荷而引发滑坡;人工爆破或将水排进滑坡裂缝中,也将促使土体产生滑动。

二、滑坡形态特征及分类

1. 滑坡的形态特征

滑坡有许多形态特征,如滑坡体、滑动面、滑坡壁、滑坡裂隙、滑坡阶地和滑坡鼓丘等(图 8-3)。

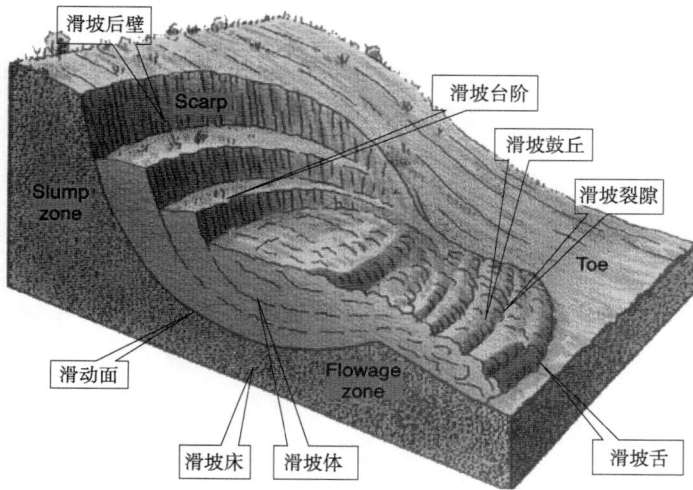

图 8-3 滑坡示意图

1)滑坡体

滑坡体是斜坡上沿弧面滑动的块体。滑坡体的平面呈舌状,它的体积不一,最大可达数立方公里。

2)滑动面

滑动面是滑坡体与斜坡主体之间的滑动界面,又称主滑动面。滑动面大多是弧形的,面上往往可以看到滑坡滑动时留下的磨光面和擦痕,在紧邻滑动面两侧土体中可见到拖曳构造现象。有时滑坡体下滑时,因各段滑动速度不同,在滑坡体内形成次一级的滑动面,称为分支滑动面。

3)滑坡壁

滑坡壁是滑坡体向下滑动时,在斜坡顶部形成的陡壁。滑坡壁又称破裂壁,它的相对高度表示垂直下滑的距离。滑坡壁平面呈弧形线。

4）滑坡阶地

滑坡阶地是滑坡体下滑后在斜坡上形成的阶梯状地形。如果有好几个滑动面,则可形成多级滑坡阶地。滑坡阶地面经常是向内坡倾斜,有些规模较大的滑坡,在向内坡方向倾斜的滑坡阶地面上常形成小湖。例如宝鸡附近的卧龙寺滑坡,由于含水层被滑坡错断出露,在滑坡壁下的滑坡阶地上曾形成一个10m深的小湖泊。

5）滑坡鼓丘

滑坡鼓丘是滑坡过程中滑坡体的前端受到阻碍而鼓起的小丘。其内部常见到由滑坡推挤而成的一些小型褶皱或逆冲断层。由于滑坡体的前端形成了突起的小丘,在滑坡体的中部相对低洼的部位,能积水成湖。

6）滑坡裂隙

滑坡裂隙是滑坡即将滑动时或滑动过程中形成的。

2.滑坡的分类

（1）根据滑坡的物质可划分为黄土滑坡、黏土滑坡、碎屑滑坡和基岩滑坡。

（2）根据滑坡和岩层产状与构造等,可划分为顺层滑坡、构造面滑坡和不整合面滑坡等。

（3）根据滑坡体的厚度可划分为浅层滑坡（数米）、中层滑坡（数米至20m）和深层滑坡（20m以上）。

（4）根据滑坡的触发原因可划分为人工切坡滑坡、冲刷滑坡、超载滑坡、饱水滑坡、潜水滑坡和地震滑坡等。

（5）按滑坡形成年代可划分为新滑坡、老滑坡和古滑坡。

（6）按滑坡驱动形式可划分为牵引滑坡和推动滑坡。

上述各种滑坡类型的划分都是根据某一单项指标来考虑的,实际上自然界的滑坡形成是多因素的,例如由于地震触发的滑坡,可以在同一土层中形成滑坡,也可沿层面或断层面形成滑坡,因而只考虑一种因素来划分滑坡类型是不完全的。

三、滑坡勘测

较复杂的滑坡,工程地质勘测一般应分两步进行。第一步进行初测或称滑坡定性勘测,要求查明滑坡的类型及要素、滑坡的范围、性质、形成原因及危害程度,判明滑坡的稳定程度,初步确定线路绕避滑坡方式或通过滑坡的部位及整治方案;第二步进行定测或为滑坡整治设计搜集地质资料。简单的滑坡,两步工作可合并进行。

1.野外判识滑坡的标志

1）地貌地物标志

滑坡的存在常使斜坡坡面呈圈椅状和马蹄状环谷;其后缘有陡壁及顺坡擦痕;上部有弧形拉张裂缝;中部坑洼起伏,常有高程和特征与外围地形不连续的鼻状凸丘或多级平台;前缘有鼓丘(其上常有鼓张、扇形裂缝),常呈舌状向外突出,侵占河、沟床,有时反翘;滑坡体两侧可见羽状裂缝及常形成沟谷,并有双沟同源现象。有的滑坡体上还有积水洼地、马刀树、醉汉林和房屋倾斜、开裂等现象。

2)地层构造标志

地层的整体性因滑动而被破坏,有扰动现象;岩层层位、产状或构造与外围不连续,有时岩层层序倒置或重叠;常见有泥土、碎屑充填或未被充填的张性裂缝。

3)水文地质标志

斜坡含水层的原有状况被破坏,使滑坡体成为单独的含水体;水文地质条件变的特别复杂,如潜水位不规则,流向紊乱;在滑动带前缘常有成排泉水溢出。

2.滑坡稳定程度的地貌判识标志

根据地貌特征可参照表8-1判别滑坡的稳定性。

判别滑坡稳定性地貌特征表 表8-1

滑坡要素	相 对 稳 定	不 稳 定
滑坡体	坡度较缓,坡面较平整,草木丛生,土体密实,无松塌现象;两侧沟谷已下切深达基岩	坡度较陡,平均坡度30°左右,坡面高低不平,有陷落松塌现象,无高大直立树木。地表水、泉、湿地发育
滑坡壁	滑坡壁较高,长满了草木,无擦痕	滑坡壁不高,草木少,有坍塌现象,有擦痕
滑坡平台	平台宽大,且已夷平	平台面积不大,有向下缓倾或后倾现象
滑坡前缘及滑坡舌	前缘斜坡较缓,坡上有河水冲刷过的痕迹,并堆积了漫滩阶地,河水已远离舌部;舌部坡脚有清晰泉水	前缘斜坡较陡,常处于河水冲刷之下,无漫滩阶地,有时有季节性泉水出露

3.测绘与调查

(1)查明滑坡的地貌形态及特征:包括滑坡周界,滑坡壁产状,滑坡台阶个数及位置、宽度、高度,滑坡洼地分布范围,泉水洼地及湿地出露位置,坡面植物生长及变形情况,滑坡前缘形态,临空面特征及滑动面(带)出口位置,滑坡舌部延伸展布情况。地表微冲沟发育程度,河岸及谷坡冲刷,河道变迁冲淤情况。

(2)查明滑坡的裂缝分布及特征:包括后缘拉张裂缝、两侧羽状裂缝及前部膨胀裂缝等的分布、长度、宽度、深度、充填情况及其发生和发展过程,并分析其力学性质。

(3)查明滑坡区的地层层序、产状及分布特征,重点查明层状岩层的软弱层面及堆积层的下伏层面等。

(4)查明滑坡区的地质构造,如断层破碎带、巨大节理或软弱岩层夹层的展布、延伸方向等。

(5)查明滑带水和地下水的补给及排泄条件,泉水出露地点及流量,地表水、湿地的分布、变迁情况,大气降水的渗流条件等。

(6)确定滑坡体的厚度,岩土性质、特征,滑面(带)的展布形态及特征。着重填绘好滑坡的主轴断面。

(7)查明滑坡内外已有建筑物的变形、位移特征及形成时间和破坏过程。

4.勘探

(1)勘探的主要任务。查明滑坡体的范围、厚度、物质组成滑动面(带)的个数、形状及各滑动带的物质组成;查明滑坡体内地下水含水层的层数、分布、来源、动态及各含水层间的水力联系;采取岩土样品作物理、力学试验,必要时进行滑坡动态观测。

(2)勘探方法的选择。

滑坡勘探工程应根据需要查明问题的性质和要求选择适当的勘探方法,一般可参照表8-2。

滑坡勘探方法适用条件　　　　　　　　　　　　　　　　　　表8-2

勘探方法	适 用 条 件 及 部 位
坑探、槽探	用于确定滑坡周界和滑坡壁、前缘的产状,有时也作为现场大面积剪切试验的试坑。设备较简单,能直接观测到各种地质现象,取得的资料真实可靠,取样鉴定方便
竖井	用于观测滑坡体的变化,滑动带的特征及采取原状土样等。深井常布置在滑坡体中前部主轴附近。采用深井时,应结合滑坡的整治措施综合考虑
洞探	用于了解关键性的地质资料(滑坡的内部特征),当滑坡体厚度大,地质条件复杂时采用。洞口常选在滑坡两侧沟壁或滑坡前缘,平洞常为排泄地下水整治工程措施的一部分,并兼做观测洞
电探	用于了解滑坡区含水层,富水带的分布和埋藏深度,了解下伏基岩起伏和岩性变化及与滑坡有关的断裂破碎带范围等
地震勘探	用于探测滑坡区基岩的埋深,断裂破碎带范围,滑动面位置、形状等
钻探	用于了解滑坡内部的构造,确定滑动面的范围、深度和数量,观测滑坡深部的滑动动态,查明地下水层位
静力触探	用于了解浅层黏性土滑坡的滑动带及其抗剪强度,可为设计提供定量资料

四、滑坡的整治

1. 防治原则

以防为主,整治为辅。

(1)大型滑坡在测设时应尽可能绕避。

(2)中小型滑坡一般不必绕避,但应注意调整线路平面位置,以求工程量小、施工方便、经济合理。

(3)线路通过古滑坡时,应对滑体结构、性质、规模、成因等详细勘测,再对线路的平、纵、横合理布设;对施工中开挖、切坡、弃方、填土等都要作通盘考虑;对变形严重、移动速度快、危害性大的滑坡或崩塌性滑坡应尽早采取切实有效的措施,防止古滑坡复活。

2. 滑坡防治的措施

(1)排:排除地表水,疏干地下水。地表水采用截水沟、树枝状排水沟等排水构造物排除。滑坡体内部地下水采用盲沟、盲洞来疏导、引流(见图8-4)。

(2)挡:修建支挡建筑物,如抗滑挡墙、片石垛、抗滑桩,改善滑坡体的力学平衡条件(见图8-5)。

(3)减:刷方减重以减少下滑力,填方加压,以增大抗滑力(见图8-6)。

(4)固:对于较大滑坡,可采用锚固桩,对单斜构造的岩层滑坡可采用锚杆锚固;还可采用焙烧滑面土体使之胶结,裂隙土和大孔隙土可用水泥浇灌或沥青胶结(见图8-7)。

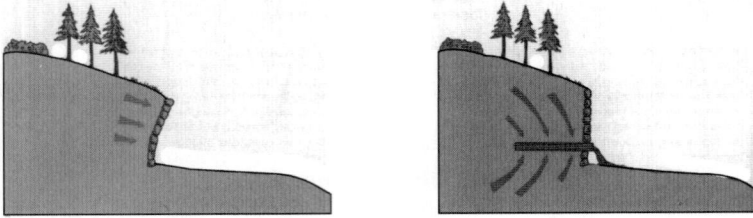

图 8-4　调治水流

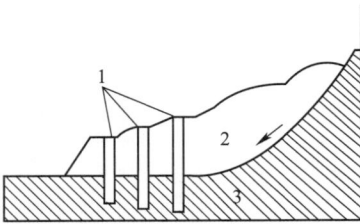

图 8-5　坡面处治——抗滑挡土墙

1-抗滑桩;2-滑坡体;3-滑坡床

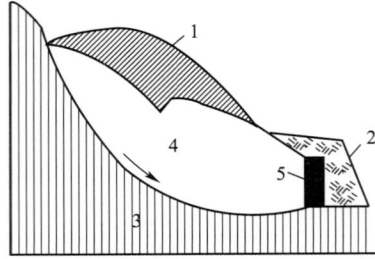

图 8-6　坡面处治——减重反压

1-上部减重;2-坡脚反压;3-滑坡床;4-滑坡体;5-抗滑挡土墙

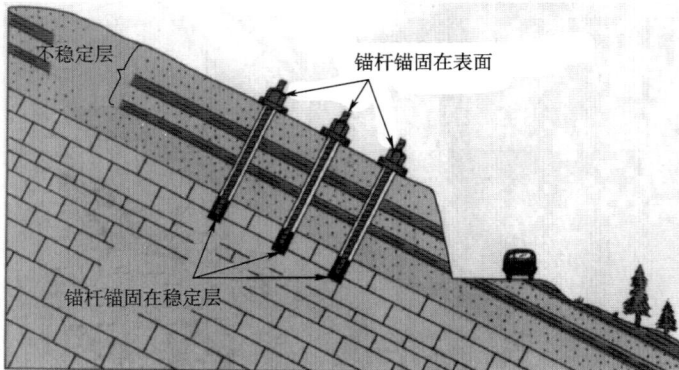

图 8-7　单斜构造段滑坡锚固

　　对已发生的滑坡,针对不同的滑坡类型、引起的原因以及滑坡的发育阶段,抓住主要矛盾予以综合治理。如因地下水活动引起的滑坡,应以布置疏导工程为主。如因过度切坡,则应以减挡为主。如为牵引式滑坡,必须对整个山坡进行综合治理。如崩塌性或推动式滑坡,以清方减重为主,不能仅靠拦挡的办法。在现在的科学技术条件下,治理滑坡还是可能的。

第三节　泥　石　流

一、泥石流的形成条件

　　泥石流为山区常见的一种突发性自然灾害现象,是由大量土、砂、石块等固体物质与水组成的一种特殊洪流。其中固体物质的体积含量大多超过15%,最高可达80%左右,泥石流的

主要特征是:

①主要活跃于山区与山前地区;

②暴发突然,历时短暂(数分钟至数十小时),来势凶猛;

③密度变化范围大,上限为 $1.2 \sim 1.3 g/cm^3$,下限为 $1.8 \sim 2.3 g/cm^3$;

④固相物质粒度变化范围大(由黏粒至巨砾);

⑤惯性力大,具有直进性和爬高能力;

⑥冲淤能力大,具有巨大的破坏作用。

泥石流的形成与地形、地质、水文、气象、植被、地震、人类活动等因素有关。可概括为缺一不可的 3 个基本条件:

(1)流域内有丰富的松散物质的补给:大量松散的固体物质在构造破碎、地震活动、风化剥蚀或冰川活动强烈的沟谷流域内,往往提供了大量砂砾等碎屑物质,又经过崩塌、滑坡等块体运动进入沟槽,为泥石流的发育提供了物质基础。

(2)有陡峻的地形和较大的沟床纵坡:泥石流沟的源头多呈环形洼地,有利于松散固体物质与水流的聚集,是碎屑物质和水的主要供给区,陡峻的沟坡和比降较大的沟床,使其快速形成泥石流,并迅猛下泻。

(3)有强大的径流动力(如暴雨、水库坝体溃决,急剧的融雪),短时间可形成大量水流。

上述三个基本条件中,前两个是内因,第三个是外因。泥石流的发生与发展是内、外因综合作用的结果。

二、泥石流的类型

泥石流可以从不同的角度进行分类。根据泥石流的物质结构和流态特点,分为黏性泥石流(层流性泥石流)和稀性泥石流(紊流性泥石流)两类。

黏性泥石流的固体物质含量较高,一般占 40% ~60%,其中粉砂、黏土含量较多,泥浆黏度很大。泥石流中的水和固体物质稠结成一个整体作等速运动,大石块在泥浆中呈悬浮状态,液、固两相流体无垂直交换,属层流性质。在其流动过程中,往往出现阵流,前锋高而陡,形成高几米至十几米的"龙头",容易产生沟谷阻塞等现象。黏性泥石流流速各地颇有差别,如西藏东南古乡沟泥石流和滇北蒋家沟泥石流的一般流速分别达 $2 \sim 3 m/s$ 和 $6 \sim 10 m/s$。

稀性泥石流的固体物质含量较低,一般为 15% ~40%,其中粉砂、黏土的含量较少。稀性泥石流中的水和固体物质不稠结成一体,而是相互分离,水作为搬运介质,石块和砾石则以滚动或跃移形式向下运动,液、固两相流体有垂直交换现象,具有紊流性质。它与含砂量大的洪流,在动力特点上差别不大,故不易造成沟谷阻塞等现象。

此外,按照引起泥石流的激发因素,可分为冰川泥石流、暴雨泥石流和地震泥石流等类型;按照泥石流物质组成的差别,可分为泥流、泥石流和水石流三种类型。

三、泥石流对城市轨道交通工程的危害

泥石流是一个快速剥蚀—堆积运动过程,其对建筑物的危害方式可分为两种:

1.侵蚀作用造成的危害

线路通过泥石流沟的流通段时,泥石流通常以侵蚀方式对建筑物造成危害。一是泥石流

体直冲建筑物,损坏、推覆或剪断建筑物,甚至将桥梁梁体"悬浮"在泥石流流体表层而被冲走。如 1981 年 7 月 9 日成昆线利子依达沟泥石流剪断该桥 2 号墩,造成落梁车毁人亡的恶性事故;1981 年 8 月 21 日宝天线小桥沟泥石流直接冲走横跨该沟的一孔 10m 钢筋混凝土梁。二是泥石流的冲刷作用,有的是底蚀沟床,掏空桥梁墩台与护坡基础。如 1981 年 8 月成昆线上疙瘩大桥沟,泥石流一次底蚀沟床 7 ~ 13m 深,离桥墩很近,险些毁桥。有的是侧蚀河岸,并形成分流冲刷路基,淤埋道床,中断行车。如宝天线 K1305 + 862 沟,1981 年 8 月 21 日泥石流在沟床凹岸冲刷路基并淤埋铁路。还有的是泥石流先堵塞主河,然后溃决,强烈冲刷主河两岸。如成昆线勒古洛夺沟,1984 年 7 月 1 日泥石流堵断牛日河后溃决,将凉红隧道外侧宽 13m 的阶地冲光,使凉红隧道基础悬空。

2. 堆积作用造成的危害

在地形开阔、沟坡平缓的泥石流堆积区,泥石流往往形成散流,流速不断减小直至停止运动。如果轨道以桥涵通过泥石流洪(冲)积扇前缘,则极易造成淤积,几乎年年清淤。如宝天线元龙车站的四大泥石流沟,经常须清除桥下泥石流沉积物以保证排洪。如果轨道以桥涵通过洪积扇中上部,则常易造成桥涵堵塞。如成昆线马厂沟、宝成线黄龙咀沟。尤其当车站位于泥石流洪(冲)积扇时,往往由于对泥石流沟的发展判识有误或对泥石流危害程度估计不足,防治措施不当,如排导设施坡度过缓,桥涵孔径过小,不恰当的改沟与并沟等,造成淤埋灾害。如成昆线的新铁村站、埃岱站、联合乡站与宝成线的李家河站、红花铺站,都遭受过泥石流的淤埋。

四、泥石流的勘测

在勘测时,应通过调查和访问,查明泥石流的类型、规模、活动规律、危害程度、形成条件和发展趋势等,作为线路布局和选择通过方案的依据。并收集工程设计所需要的流速与流量等方面的资料。

发生过泥石流的沟谷,常遗留有泥石流运动的痕迹。如离河较远,不受河水冲刷,则在沟口沉积区都发育有不同规模的洪积扇或洪积锥,扇上堆积有新沉积的泥石物质,有的还沉积有表面嵌有角砾、碎石的泥球;在通过区,往往由于沟槽窄,经泥石流的强烈挤压和摩擦,沟壁常遗留有泥痕、擦痕及冲撞的痕迹。

在有些地区,虽然未曾发生过泥石流,但存在形成泥石流的条件,在某些异常因素(如大地震、特大暴雨等)的作用下,有可能促使泥石流的突然暴发,对此,在勘测时应特别予以注意。

五、泥石流的防治

1. 泥石流的防治原则

(1)线路跨越泥石流沟时,首先应考虑从中游或沟床比较稳定、冲淤变化不大的堆积扇顶部用桥跨越。这种方案可能存在以下问题:平面线型较差,纵坡起伏较大,沟口两侧路堑边坡容易发生崩塌、滑坡等病害。因此,应注意比较。还应注意目前的中游区有无转化为下游区的趋势。

(2)当河谷比较开阔,泥石流沟距大河较远时,线路可以考虑布设在堆积扇的外缘。这种方案线型一般比较舒顺,纵坡也比较平缓,但可能存在以下问题:堆积扇逐年向下延伸,淤埋路基;河床摆动,路基有遭受水毁的威胁。

（3）对泥石流分布较集中、规模较大、发生频繁且危害严重的地段，应通过经济和技术比较，在有条件的情况下，可以采取跨河绕道走对岸的方案或其他绕避方案。

（4）如泥石流流量不大：在全面考虑的基础上，线路也可以在堆积扇中部以桥隧通过。采用桥隧时，应充分考虑两端路基的安全措施。这种方案往往很难彻底克服排导沟的逐年淤积问题。

（5）通过散流发育并有相当固定沟槽的宽大堆积扇时，宜按天然沟床分散设桥，不宜改沟归并。如堆积扇比较窄小，散流不明显，则可集中设桥跨过。

2．泥石流的防治措施

防治泥石流应全面考虑跨越、排导、拦截以及水土保持等措施，根据因地制宜和就地取材的原则，注意总体规划，采取综合防治措施。

（1）水土保持。包括封山育林、植树造林、平整山坡、修筑梯田；修筑排水系统及支当工程等措施。水土保持虽是根治泥石流的一种方法，但需要一定的自然条件，收效时间也较长，一般应与其他措施配合进行。

（2）跨越。根据具体情况，可以采用桥梁、涵洞、明洞、隧道等方式跨越泥石流。采用桥梁跨越泥石流时，既要考虑淤积问题，也要考虑冲刷问题。确定桥梁孔径时，除考虑设计流量外，还应考虑泥石流的阵流特性，应有足够的净空和跨径，保证泥石流能顺利通过。桥位应选在沟道顺直、沟床稳定处，并应尽量与沟床正交。不应把桥位设在沟床纵坡由陡变缓的变坡点附近。

（3）排导。采用排导沟、急流槽、导流堤等措施使泥石流顺利排走，以防止掩埋道路、堵塞桥涵。泥石流排导沟是常用的一种建筑物。设计排导沟应考虑泥石流的类型和特征。为减小沟道冲淤，防止决堤漫溢，排导沟应尽可能按直线布设。必须转弯时，应有足够大的弯道半径。排导汊纵坡宜一坡到底，如必须变坡时，从上往下应逐渐弯陡。排导沟的出口处最好能与地面有一定的高差，同时必须有足够的堆淤场地，最好能与大河直接衔接。

（4）滞流与拦截。滞流措施是在泥石流沟中修筑一系列低矮的拦挡坝，其作用是：拦蓄部分泥沙石块，减弱泥石流的规模；固定泥石流沟床，防止沟床下切和谷坡坍塌；减缓沟床纵坡，降低流速。拦截措施是修建拦渣坝或停淤场，将泥石流中的固体物质全部拦淤，只许余水过坝。

第四节　岩　　堆

一、岩堆的工程地质特征

岩堆是指岩石经过物理风化作用形成的碎块、通过重力或降水搬运至山坡上或坡脚下的疏松堆积体。

（1）岩堆的生成规律。岩堆多见于气候比较干旱，昼夜温差大，物理风化盛行，近期抬升构造运动强烈的山区及高山峡谷区的陡峻坡脚处，岩堆的生成与地质构造有着密切的关系：

①当河谷沿断裂带发展时，则在发生断裂的一岸，岩层破碎，往往有巨大岩堆。

②当河谷沿大背斜轴发展时，因背斜轴多为节理发育地区，两岸常常形成对称的岩堆。

③当河谷平行于节理发育的岩层走向时，则往往在岩层背向河谷的一岸，因节理切割而产

生岩堆。

(2)岩堆表面的坡度接近于其组成物质在较干燥状态下的天然休止角,一般在30°~40°之间。不同岩石成分、不同粒径的岩堆天然休止角见表8-3及表8-4。

不同岩石组成的岩堆休止角 表8-3

岩堆成分	休止角(°)			岩堆成分	休止角(°)		
	最小	最大	平均		最小	最大	平均
花岗岩			37	砂岩(块石、碎石、角砾)	26	40	32
钙质砂岩			34.5	砂岩(块石、碎石)	27	39	33
致密石灰岩			32~36.5	页岩(角砾、碎石、黏砂土)	36	43	38
片麻岩			34	页岩	29	43	38
云母片岩			30	石灰岩(碎石、黏砂土)	27	45	34
砂岩、页岩(角砾、碎石、混有块石的黏砂土)	25	42	35				

不同岩块大小构成岩堆的天然休止角 表8-4

岩堆构成	岩石一般粒径(cm)	天然边坡坡度
碎屑岩堆	≤1	1:1.5~1:2
碎石岩堆	1~8	1:1.25~1:1
石块岩堆	8~20	1:1.2~1:1.32
大石岩堆	>20	1:1.0~1:1

(3)岩堆内部常具有向外倾斜的层理(倾角与天然休止角近似)。在外力或其他因素的扰动下,容易发生表层或层间的滑动变形。

(4)岩堆一般结构松散而不均匀,空隙度大。有时充填细颗粒,稍有软弱的黏结。

(5)岩堆的基底和傍依区,一般多斜倚在基岩斜坡上。地表水下渗或基岩裂隙水的活动浸润岩堆与基岩的接触面后,其摩擦阻力将显著削弱,稍有外力(如在其上填筑路堤),即易导致其沿基底面的滑动。

(6)岩堆的形成一般可分为3个阶段,即母岩的风化崩解、风化崩解物的搬运和堆积。与之相对应,岩堆一般有3个区,即岩堆物质的供给区、搬运区和堆积区。应特别注意的是岩堆的搬运特点一定是以重力为主,有时有水的参与,但极其次要,它与泥石流有本质上的区别。

二、岩堆的工程地质勘测要点

岩堆的勘测以工程地质测绘和调查为主,平面图测绘比例尺宜采用1:500~1:1000,垂直岩堆方向的横断面图的比例尺宜采用1:200。勘测的要点如下:

(1)调查岩堆的生成原因和规律。

(2)查明岩堆的特征(岩堆中石块的岩性、大小和结构,有无易滑的软弱夹层),分布范围,岩堆体的大小,发展阶段及其分区情况。

(3)查明岩堆床,傍依区及斜坡的形态,地层构造,岩体结构类型,地下水情况。

(4)查明岩堆的天然休止角。

(5)搜集当地气象、水文等资料。

通过对岩堆的勘测,应确定其范围、特征、危害程度并做出稳定性评价,为线路和各类建筑物选定合理的位置。

三、岩堆的稳定性评价

岩堆的稳定性取决于其底部地形(岩堆床)、发展阶段、岩石性质、石块大小及降水等因素,详见表8-5。

岩堆的稳定性评价　　表8-5

因　素		岩堆的稳定性评价
岩堆床的形态		如图8-9a)是稳定的;图8-9b)次之;图8-9c)不够稳定,极易产生整体滑动
发展阶段	第一阶段——正在发展的阶段	基岩裸露破碎,坡面参差不齐,经常有岩块、碎屑由母岩崩解碎落下来,有新鲜的崩塌和剥落痕迹。岩堆表层松散零乱,个别石块滚落至坡脚以外;岩堆坡面疏松,呈直线形,处于极限平衡状态;没有植物生长,坡面不稳定;人畜行走亦很危险
	第二阶段——趋向停止发展的阶段	基岩大部分已稳定,一般在暴风骤雨后,仅有个别落石现象。岩堆内部结构中等密实,表层仍是松散的;坡面近似凹形,坡面上部的坡度可略陡于休止角;整体基本上已处于稳定状态;坡面较多地方已生长草和灌木
	第三阶段——静止稳定阶段	基岩上的不稳定岩块已全部剥落;岩堆一般为古老的,坡面经自然的剥蚀和搬运后,比较平缓,由于长期的自重压密,也比较密实;坡面呈凹形,已呈静止稳定状态;表层丛生草木、灌木林或被垦为田地
岩堆中石块的岩性		石灰岩、砂岩岩堆的岩块,质地坚硬,棱角粗糙,摩擦系数大,渗水性强,故其稳定性较好;玄武岩、页岩与砂岩、砂岩与页岩岩堆则次之;页岩、泥灰岩岩堆的岩块,质地疏松,含土量多,摩擦系数小,渗水性弱,遇水极易软化。在雨季中极易产生滑塌现象,稳定性较差
岩堆中石块的大小和结构		岩屑组成的岩堆,天然边坡多为1:1.5~1:2;碎屑组合的岩堆天然边坡多为1:1.25~1:1.5;碎石、块石组成的岩堆天然边坡多为1:1.2~1:1.5,有时可达1:1;另外根据已施工的边坡观察,页岩或泥灰岩碎屑组成的岩堆的挖方边坡,一般均在1:1.5以上;页岩与砂岩、砂岩与页岩及玄武岩碎石、碎屑组成岩堆的挖方边坡一般在1:1~1:1.25之间;石灰岩及砂岩碎石、块石组成的岩堆的挖方边坡一般在1:1~1:1.25之间,有的可陡至1:0.5
风、雪、雨、水及人工的切割		水流冲刷坡脚,往往会引起滑移,风雪剥蚀表层往往会发生落石;人工的切割不当则会产生坍塌等

四、线路通过岩堆的合理方式及措施

(1)对趋向停止发展的或处于静止稳定阶段的岩堆,线路以在岩堆下部修筑路堤的方式通过为宜,如图8-9中m的位置。

(2)对处于静止稳定阶段的岩堆,若以路堑通过时,如图8-10中Ⅰ的位置较佳。要尽量避

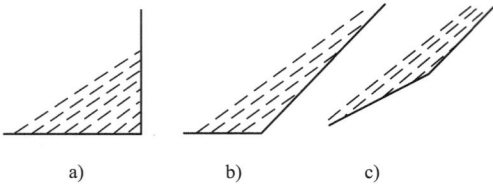

图 8-8　岩堆床的一般形态

免半填半挖。当路堑边坡平行或近于平行基岩面,要注意开挖后剩余土体的长细比是否有足够的刚度维持其本身稳定性。如路堑边坡虽不平行基岩面,但形成顶宽底狭的楔形的剩余土体往往易顺基岩面由边坡底部产生剪切滑动,要有相应的处理措施。

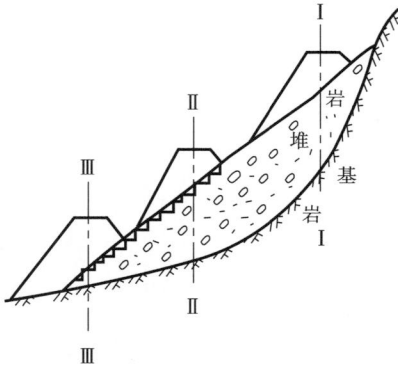

图 8-9　以路堤通过岩堆的不同断面位置示意图

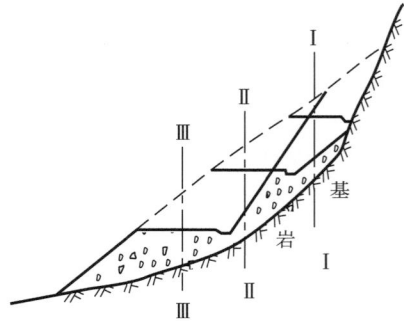

图 8-10　以路堑通过岩堆地区的不同断面位置示意图

(3)在陡斜的岩堆上修建路堤,为防止岩堆沿基底滑动,应修建路堤(肩)墙,如图 8-11,墙基应深入至基岩内。

(4)若需以挖方切断整个岩堆体时,为防止其沿基岩面的滑动,应按图 8-12 所示修建上、下挡土墙,墙基应深入至基岩内。

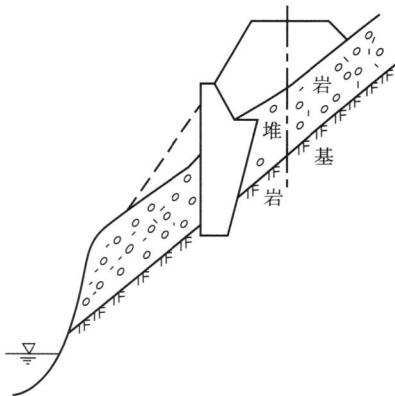

图 8-11　在陡斜岩堆坡面上的路堤通过方式示意图

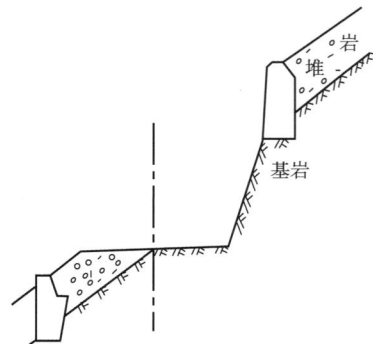

图 8-12　岩堆地区挖方边坡切断整个岩堆体及路基面不完全在岩堆上的通过方式示意图

(5)线路通过有地下水或地表水活动的岩堆时,需做好拦截地表水及排除地下水的工程。

(6)除修建支挡建筑物外,防治岩堆变形还可因地制宜采取下列措施:

①坡面阶梯化:将岩堆坡面挖成宽 5~10m,高 0.5~2m 的阶梯,台阶壁可用石块或片石干砌垒起。这是因陋就简,就地取材,稳定坡面最有效的措施。

②播种草籽:在岩堆坡面上,撒铺种植土,充填孔隙和播种草籽,稳定岩堆坡面。

③导管压浆:对大块松散的岩堆,如其中并无充填物,孔隙大,开挖边坡易于坍塌。可用导管压浆法,先填塞设计边坡的孔隙空洞,使其凝结成为整体,而后再开挖边按。

④排水及河岸防护工程:在岩堆地区如有地表水流(江河冲刷切割)或地下水的活动,而影响其稳定性时,可作必要的排水及河岸防护措施。

复习与实践

1.试述崩塌的形成条件及防治措施。

2.影响滑坡发育的因素是什么? 如何防治滑坡?

3.什么叫泥石流? 泥石流的形成必须具备哪些条件?

4.岩堆稳定性的影响因素有哪些? 如何判断岩堆的稳定性?

第九章 地震与地震液化

教学目标

1. 了解主要地震带的分布,掌握地震动参数区划原则。

2. 掌握地震的主要危害,防震的原则及措施。

3. 了解地震液化机理及地基液化土的处置措施。

第一节 地 震

一、地震成因及分布

地震是地壳某处发生快速颤动现象,是地壳运动激化表现的一种特殊形式。

1. 地震的基本概念

当地球内部致使岩层变形的应力缓慢积累到超过该处岩层强度并造成其错断和以弹性波的形式向四面八方突然集中释放时,引起的地面振动,称为地震。这类地震亦叫构造地震,约占世界地震总数的90%,它的破坏性最大,影响范围也最广。

在工程勘察中经常需要了解的有关地震方面的基本名词及其含义:

(1)震源——地球内部发生地震的地方。

(2)震中——震源在地球表在上的投影点。

(3)震中距——地面上任何一个地方或地震,观测台(站)到震中的直线距离。

(4)震中区——震中附近的地区。强烈地震时,破坏最严重的地区,称为极震区。

(5)震源深度——从震源到地面的垂直距离,0~70km 为浅源地震,70~300km 为中源地震,300km 以上为深源地震。

(6)地震波——地震引起的从震源向各个方向传播的振动液。地震波是一种弹性波,根据波动位置和形式分:

①体波:是通过地球内传播的一种地震波,又分为:

a. 纵波(P):又称压缩波,质点的振动方向与波的方向一致,靠介质的扩张与压缩而传递,其传播速度约为 5~6km/s,振动摧毁力较小。

b. 横波(S):又称剪切波,质点的振动方向垂直于波的传播方向,为各质点间发生的周期性的剪切振动,其传播速度约为 3~4km/s,振动摧毁力较强。

②面波(L):体波到达地表后激发的沿地表面传播的次生波,波速约为 3.8km/s,低于体波,往往最后被记录到,但振幅大,故对地面的破坏最大。面波又分为瑞利波(R)和勒夫波(Q)。

a. 瑞利波(R):波的传播是质点在波的传播方向和地表面法向组成的平面内作椭圆运动,与该平面垂直的水平方向没有振动,似在地上滚动。

b. 勒夫波(Q):波在传播时,质点在与传播方向相垂下的水平方向运动,即呈地面水平运动或者在地面上呈蛇形运动。

2. 地震成因

1)构造地震

构造地震是由地壳运动所引起的地震。一般认为,地壳运动是长期的、缓慢的,一旦地壳所积累的地应力超过了组成地壳岩石极限强度时,岩石就要发生断裂而引起地震。也就是地应力从逐渐积累到突然释放时才发生地震。构造地震是一种活动频繁、影响范围大、破坏力强的地震,世界上最多(90%以上)和最大的地震都属于构造地震。

2)火山地震

火山地震是火山喷发时岩浆或气体对围岩的冲击所引起的地震。火山地震影响范围一般不大且为数较少,约占各类地震总数的 7% 左右。我国很少发生火山地震,它主要分布在南美洲和日本等地。

3)陷落地震

陷落地震是由于地壳的陷落所引起的地震。它多为石灰岩溶洞的陷落造成,其数量少,影响小,仅占地震总数的 3% 左右。

4)人工诱发地震

人工诱发地震是由于水库蓄水或地下大爆破所引起的地震。它多发生在水库或爆破点附近地区,震源深度较浅,最大的震级目前不超过 6.5 级。

3. 地震分布

1)世界地震带分布(见图9-1)

地震的分布是有规律的。世界上的地震主要集中分布在三大地震带上,即环太平洋地震带、欧亚地震带(地中海—喜马拉雅带)和海岭地震带。

(1)环太平洋地震带

环太平洋地震带是地球上最主要的地震带,它像一个巨大的环,围绕着太平洋分布,沿北美洲太平洋东岸的美国阿拉斯加向南,经加拿大本部、美国加利福尼亚和墨西哥西部地区,到达南美洲的哥伦比亚、秘鲁和智利,然后从智利转向西,穿过太平洋抵达大洋洲东边界附近,在新西兰东部海域折向北,再经斐济、印度尼西亚、菲律宾、我国台湾省、琉球群岛、日本列岛、千岛群岛、堪察加半岛、阿留申群岛,回到美国的阿拉斯加,环绕太平洋一周,也把大陆和海洋分隔开来,地球上约有 80% 的地震都发生在这里。前者约集中了全世界 80% 以上的浅源地震(0~70km)、几乎全部的中源(70~300km)和深源(300~700km)地震,释放的地震能量占全球的 76%。

(2)欧亚地震带(地中海—喜马拉雅带)

主要分布于欧亚大陆,从印度尼西亚开始,经中南半岛西部和我国的云、贵、川、青、藏地区,以及印度、巴基斯坦、尼泊尔、阿富汗、伊朗、土耳其到地中海北岸,一直还伸到大西洋的亚速尔群岛,横贯欧亚两洲涉及非洲地区。其中一部分从堪察加开始,越过中亚,另一部分则从印度尼西亚开始,越过喜马拉雅山脉,它们在帕米尔会合,然后向西伸入伊朗、土耳其和地中海地区,再出亚速海。欧亚地震带所释放的地震能量占全球地震总能量的15%,主要是浅源地震和中源地震,缺乏深源地震。这条地震带也是近代地壳运动活跃的地带,它又可分为几个段落,其中印度北部是重要一段,称"喜马拉雅地震带",东西长约2400km。

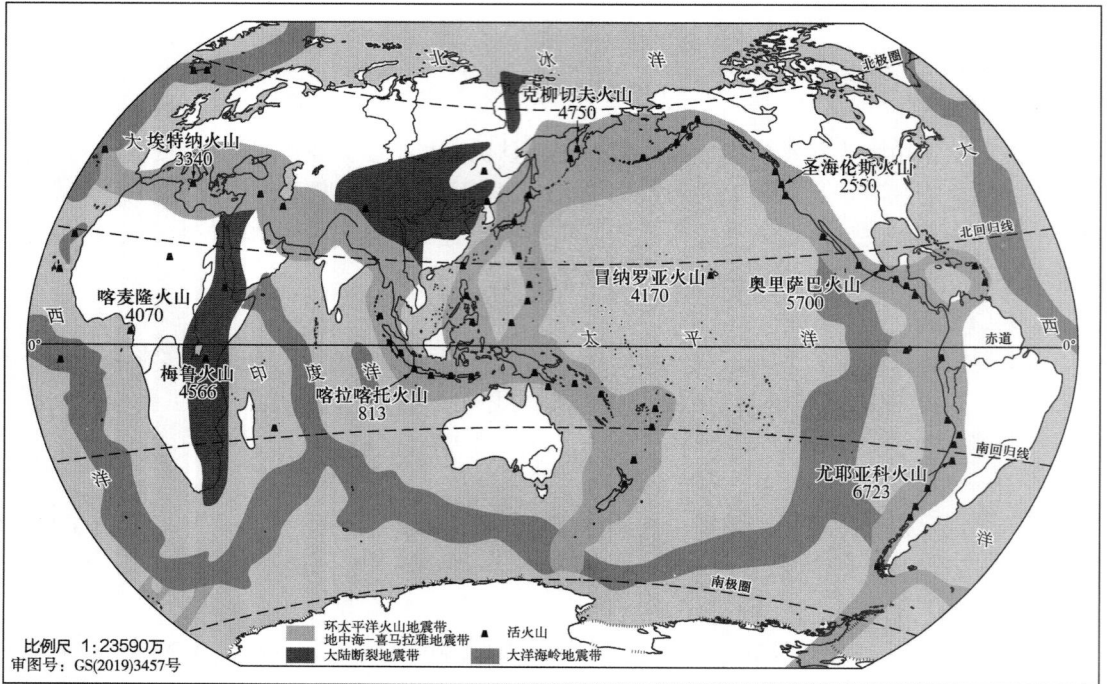

图9-1 世界火山和地震带分布

(3)海岭地震带

海岭地震带又称大洋中脊地震带,分布在太平洋、大西洋、印度洋中的海岭(海底山脉)。从西伯利亚北岸靠近勒那河口开始,穿过北极经斯匹次卑根群岛和冰岛,再经过大西洋中部海岭到印度洋的一些狭长的海岭地带或海底隆起地带,并有一分支穿入红海和著名的东非大裂谷区。这一地震震中分布的条带绵亘6万多千米,与大洋中的海岭位置完全符合,它是全球最长的一条地震带,在这条地震带上,地震一般不超过7级,释放的地震能量约占全球的5%。

2)中国地震带分布

中国位于世界两大地震带(环太平洋地震带与欧亚地震带)的交汇部位,受太平洋板块、印度板块和菲律宾海板块的挤压,地震断裂带十分发育。大地构造位置决定,地震频繁震灾严重。中国地震主要分布在五个区域:台湾地区、西南地区、西北地区、华北地区、东南沿海地区和23条地震带上。

①居首位的为台湾省及其附近海域。

②西南地区,主要是青藏高原和它边缘的四川西部和云南省中西部。

③西北地区,主要在甘肃河西走廊、青海、宁夏、天山南北麓。

④华北地区,主要在太行山两侧,汾渭河谷、阴山—燕山一带、山东中部和渤海湾。

⑤东南沿海的广东、福建等地。

台湾地区位于环太平洋地震带上,西藏、新疆、云南、四川、青海等省区位于喜马拉雅—地中海地震带上,其他省区处于相关地震带上。

二、地震震级与地震动参数区划图

地震能否使某一地区建筑物受到破坏,首先取决于地震本身的大小和该建筑区距震中的远近,距震中愈远则受到的振动愈弱,所以需要有衡量地震本身大小和振动强烈程度的尺度。

1.地震震级与烈度

(1)震级(M)——是表示地震本身强度大小的尺度,是由地震所释放出来的能量大小所决定的,释放出的能量愈大则震级愈大。因为一次地震释放的能量是固定的,所以无论在任何地方测定只有一个震级。中国目前使用的震级标准,是国际上通用的里氏分级表,共分 9 个等级,在实际测量中,震级则是根据地震仪对地震波所作的记录计算出来的。它的定义是:距震中 100km 处用标准地震仪(周期 0.8s,阻尼系数 0.8,放大倍数 2800)所记录的以微米表示的最大水平地动位移(A)的对数来确定($M = \lg A$)。例如:当测得的振幅为 10mm,即 10000μm 时,它的对数为 4,地震定为 4 级。地震愈大,震级的数字也愈大,震级每差一级,通过地震被释放的能量约差 32 倍。一般小于 2.5 级的地震人无感觉;2.5 级以上人有感觉;5 级以上的地震会造成破坏。

(2)地震烈度(I)——是对地震时地表和地表建筑物遭受影响和破坏的强烈程度的一种量度,其大小取决于地震本身释放的能量大小、震源深度、震中距离、地震波传播介质及其他地质条件。依据地震时人的感觉、家具及物品振动情况、房建受破坏程度,中国将地震烈度划分为 12 度(见表 9-1)

地震烈度根据用途不同,可分为三种类型:

①基本烈度:指一个地区在今后一定时期内,在一般场地条件下可能遭遇的最大地震烈度;国家地震局所编制的 1/400 万《中国地震烈度区划图(1990)》上标示的地震烈度值是指在 50 年期限内一般场地条件下可能遭受超过概率为 10% 的烈度值。

②场地烈度:是指建筑物场地因地质、地貌、地形和水文地质条件等的不同而引起的地震基本烈度的降低或提高的烈度。一般比基本烈度提高或降低半度至一度。

③设计烈度:根据建筑物的重要性、永久性、抗震性以及国民经济等条件,对不同建筑物将建筑场地烈度按国家标准加以调整后抗震设计采用的烈度。

中国地震烈度表(GB/T 17742—1999)　　　　　表 9-1

烈度	在地面上人的感觉	房屋震害程度		其他震害现象	水平向地面运动	
		震害现象	平均震害指数		峰值速度(m/s)	峰值加速度(m/s²)
I	无感觉	—	—	—	—	—
II	室内个别静止中人有感觉	—	—	—	—	—

131

续上表

烈度	在地面上人的感觉	房屋震害程度		其他震害现象	水平向地面运动	
		震害现象	平均震害指数		峰值速度（m/s）	峰值加速度（m/s²）
III	室内少数静止中人有感觉	门、窗轻微作响	—	悬挂物微动	—	—
IV	室内多数人、室外少数人有感觉，少数人梦中惊醒	门、窗作响	—	悬挂物明显摆动，器皿作响	—	—
V	室内普遍、室外多数人有感觉，多数人梦中惊醒	门窗、屋顶、屋架颤抖作响，灰土掉落，抹灰出现细微裂缝，有檐瓦掉落，个别屋顶烟囱掉转	—	不稳定器物摇动或翻倒	0.03（0.02~0.04）	0.31（0.22~0.44）
VI	多数人站立不稳，少数人惊逃户外	损坏——墙体出现裂缝，檐瓦掉落，少数屋顶烟囱裂缝、掉落	0~0.10	河岸和松软土出现裂缝，饱和砂层出现喷砂冒水；有的独立砖烟囱轻度裂缝	0.06（0.05~0.09）	0.63（0.45~0.89）
VII	大多数人惊逃户外，骑自行车的人有感觉，行驶中的汽车驾乘人员有感觉	轻度破坏——局部破坏，开裂，小修或者不需要修理可继续使用	0.11~0.30	河岸出现塌方；饱和砂层常见喷砂冒水，松软土地上地裂缝较多；大多数独立砖烟囱中等破坏	0.13（0.10~0.18）	1.25（0.90~1.77）
VIII	多数人摇晃颠簸，行走困难	中等破坏——结构破坏，需要修复才能使用	0.31~0.50	干硬土亦出现裂缝；大多数独立砖烟囱严重破坏；树梢折断；房屋破坏导致人畜伤亡	0.25（0.19~0.35）	2.50（1.78~3.53）
IX	行动的人摔倒	严重破坏——结构严重破坏，局部倒塌，修复困难	0.51~0.70	干硬土上出现地方有裂缝；基岩可能出现裂缝、错动；滑坡塌方常见；独立砖烟囱倒塌	0.50（0.36~0.71）	5.00（3.54~7.07）
X	骑自行车的人会倒，处不稳状态的人会摔离原地，有抛起感	大多数倒塌	0.71~0.90	山崩和地震断裂出现；基岩上拱桥破坏；大多数独立砖烟囱从根部破坏或倒毁	1.00（0.72~1.41）	10.00（7.08~4.14）

续上表

烈度	在地面上人的感觉	房屋震害程度		其他震害现象	水平向地面运动	
		震害现象	平均震害指数		峰值速度（m/s）	峰值加速度（m/s²）
XI	—	普通倒塌	0.91 ~ 1.00	地震断裂延续很长；大量山崩滑坡	—	—
XII	—	—	—	地面剧烈变化，山河改观	—	—

注：①1 ~ 5 度以地面上人的感觉为主，6 ~ 10 度以房屋震害为主，人的感觉仅供参考；11、12 度以地表现象为主。11、12 度的评定，需要专门研究。

②一般房屋包括用木构架和土、石、砖墙构造的旧式房屋和单层或数层的、未经抗震设计的新式砖房。对于质量特别差或特别好的房屋，可根据具体情况，对表列各烈度的震害程度和震害指数予以提高或降低。

③震害指数以房屋"完好"为 0，"毁灭"为 1，中间按表列震害程度分级。平均震害指数指所有房屋的震害指数的总平均值而言，可以用普查或抽查方法确定之。

④使用本表时可根据地区具体情况，作出临时的补充规定。

⑤在农村可以自然村为单位，在城镇可以分区进行烈度的评定，但面积以 1km 左右为宜。

⑥烟囱指工业或取暖用的锅炉房烟囱。

⑦表中数量词的说明：个别，10% 以下；少数，10% ~ 50%；多数，50% ~ 70%；大多数，70% ~ 90%；普遍，90% 以上。

地震震级和烈度既有联系又有区别，震级与烈度都与震源深度有关，震级越大，烈度也越大；震源越深，烈度越小。一次地震震级只有一个，但在不同的地区烈度大小是不一样的。震级与震中烈度及震源深度的关系见表 9-2。

震级与震中烈度及震源深度的关系 表 9-2

烈度 震源深度 震级	5km	10km	15km	20km	25km
2	3.5	2.5	2	1.5	1
3	5	4	3.5	3	2.5
4	6.5	5.5	5	4.5	4
5	8	7	6.5	6	5.5
6	9.5	8.5	8	7.5	7
7	11	10	9.5	9	8.5
8	12	11.5	11	10.5	10

2. 中国地震动参数区划图

2001 年，中国地震局颁布了《中国地震动参数区划图》（GB 18306—2001）规定：新建、扩建、改建一般建设工程的抗震设计和已建一般工程的抗震鉴定与加固应采用中国地震动参数区划图规定的抗震设防要求进行。中国地震动参数区划图是以地震动峰值加速度和地震动反应谱特征周期为指标，分别作《地震动峰值加速度图》（图 9-2）和《地震动反应谱特征周期图》（图 9-3）。将国土分为不同抗震设防要求的区域。

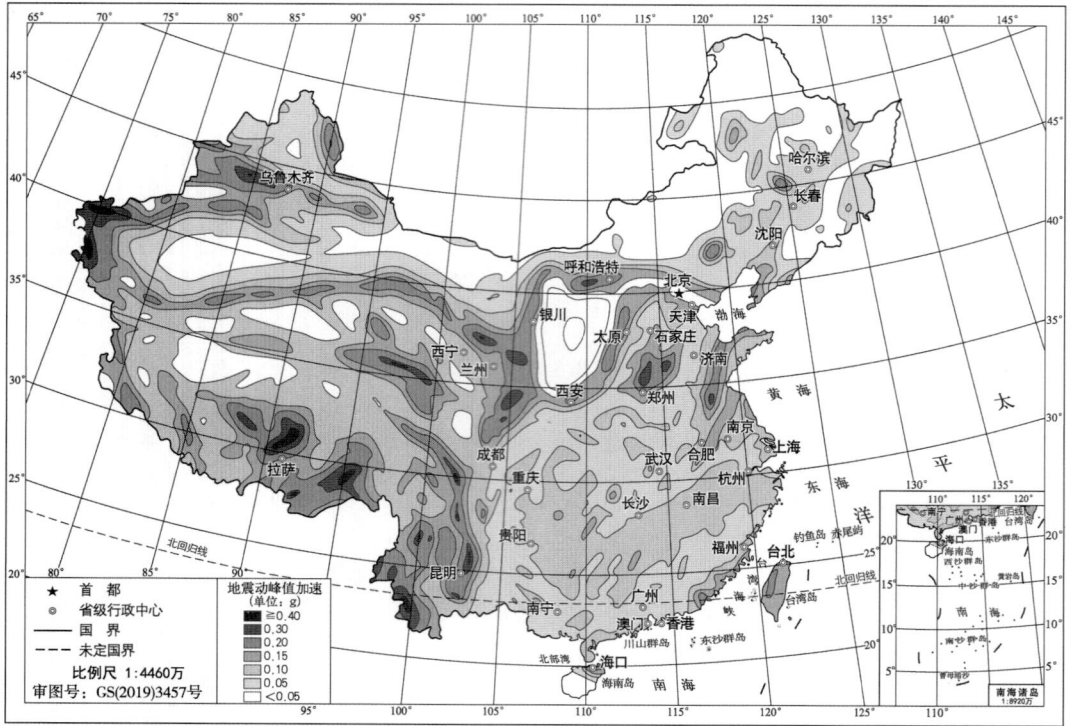

图 9-2　中国地震动峰值加速度区划图

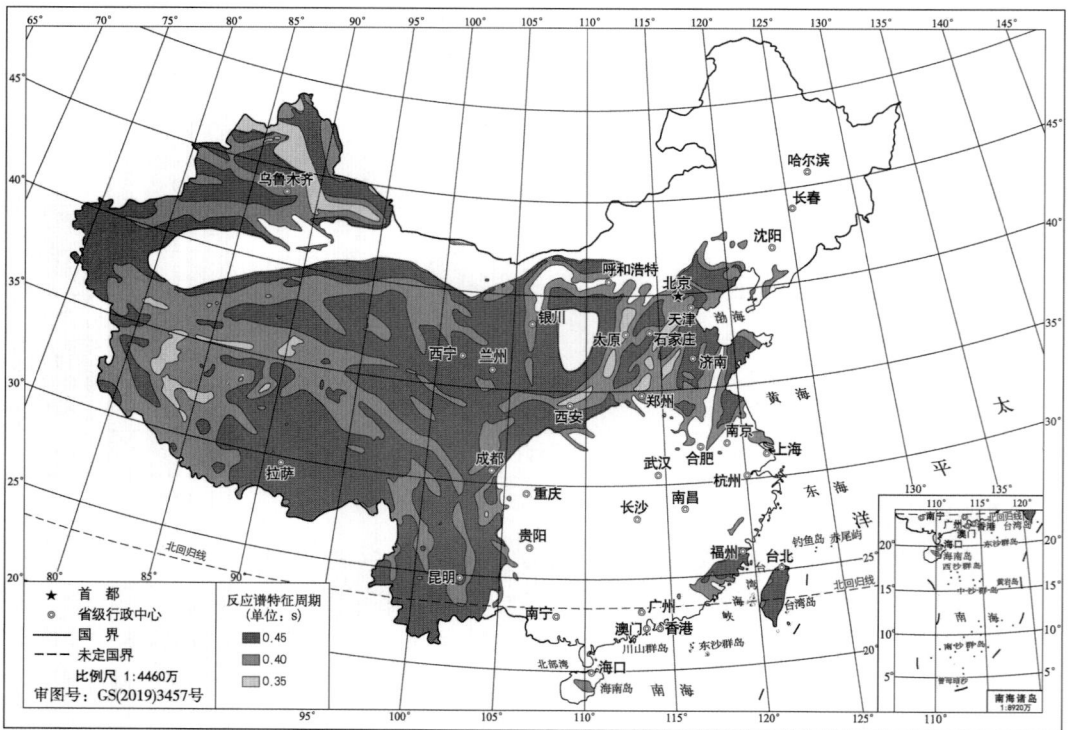

图 9-3　中国地震动反应谱特征周期区划图

（1）地震动又称地面运动，抗震设计规范中常将地震动称为地震作用。

（2）地震反应谱，是由强震仪获取的地面加速度记录的地面运动频谱特性。

（3）地震动的峰值可以是指动加速度、速度、位移三者之一的峰值、最大值或某种意义上的有效值。

（4）地震动峰值加速度：与地震动加速度反应谱最大值相应的水平加速度称地震动峰值加速度。

（5）地震动反应谱特征周期：地震动加速度反应谱开始下降点的周期。

3.地震动加速度分区与地震烈度

抗震设计不再采用地震基本烈度，现行有关技术标准中涉及地震基本烈度概念的，应逐步修正。在技术标准尚未修订（包括局部修订）之前，可参照下述方法确定：

（1）抗震设计验算直接采用地震动参数区划图提供的地震动参数。

（2）当涉及地基处理、构造措施或其他防震或减灾措施时，地震基本烈度数值可由图9-2查取地震动峰值加速度并按表9-3确定，也可根据需要做更细致的划分。

地震动峰值加速度分区与地震基本烈度对照表 表9-3

地震动峰值加速度分区（g）	<0.05	0.05	0.1	0.15	0.2	0.3	≥0.4
地震基本烈度	< Ⅵ	Ⅵ	Ⅶ	Ⅶ	Ⅷ	Ⅷ	≥ Ⅸ

三、地震危害与防震

1.地震的直接灾害

地震的直接灾害是指由于地震破坏作用（包括地震引起的强烈振动和地震造成的地质灾害）导致房屋、工程结构、物品等物质的破坏，包括以下几方面：

（1）房屋修建在地面，量大面广，是地震袭击的主要对象。房屋坍塌不仅造成巨大的经济损失，而且直接恶果是砸压屋内人员，造成人员伤亡和室内财产破坏损失。

（2）人工建造的基础设施，如交通、电力、通信、供水、排水、燃气、输油、供暖等生命线系统，大坝、灌渠等水利工程等，都是地震破坏的对象，这些结构设施破坏的后果也包括本身的价值和功能丧失两个方面。城镇生命线系统的功能丧失还给救灾带来极大的障碍，加剧地震灾害。

（3）工业设施、设备、装置的破坏显然带来巨大的经济损失，也影响正常的供应和经济发展。

（4）牲畜、车辆等室外财产也遭到地震的破坏。

（5）大震引起的山体滑坡、崩塌等现象还破坏基础设施、农田等，造成林地和农田的损毁。

2.地震的次生灾害

地震次生灾害是指由于强烈地震造成的山体崩塌、滑坡、泥石流、水灾等威胁人畜生命安全的各类灾害。地震次生灾害大致可分为以下两大类：

一是社会层面的，如道路破坏导致的交通瘫痪、煤气管道破裂形成的火灾、下水道损坏对饮用水源的污染、电信设施破坏造成的通信中断，还有瘟疫流行、工厂毒气污染、医院细菌污染或放射性污染等。

二是自然层面的,如滑坡、崩塌落石、泥石流、地裂缝、地面塌陷、砂土液化等次生地质灾害和水灾,发生在深海地区的强烈地震还可引起海啸。

3.地震对城市轨道交通工程的破坏

强烈地震时地震波所产生的地震力对地震区的城市轨道交通工程将造成严重破坏。

(1)地面破裂:强震将导致岩体和土体的突然破裂和位移,产生断层和地裂缝,从而引起附近或跨断裂的建筑物的变形和破坏。

(2)斜坡失稳:地震将引起斜坡地区的岩体和土体失去稳定,产生机械运动,导致该地区工程破坏。

(3)地基变形:地震常使松散地基压密下沉、发生砂土液化、淤泥流塑变形等,引起地基沉陷和变形,导致上覆结构的破坏。

经验表明,水平振动对建筑物的破坏影响最大,因而抗震设计一般只考虑水平地震作用。

4.城市轨道交通工程防震措施

(1)在地震区选择线路和重要建筑物位置时,应以预防为主,根据需要进行工程地质、水文地质和地震活动情况的勘查工作,首先查明对抗震有利、不利和危险地段,尽量避免危险及不利地段。当避绕有困难时,应采用对抗震有利的建筑物通过,或采取相应的有效措施。

(2)在液化土和软土等松软地基地区,注意鉴别地基中可液化砂土、易触变黏土的埋藏范围与厚度,并采取相应的加固措施。线路宜选择在有较厚覆盖层处以低路堤通过,尽量采用黏性土做填筑路堤的材料,避免使用低塑性的粉土或砂土。桥梁中线应与河流正交,宜可适当增加桥长、合理布置桥孔,避免将墩台布设在可能滑动的岸坡上和地形突变处,并适当增加基础的刚度和埋置深度,提高基础抵抗水平推力的能力。

(3)用砖、石圬工和水泥混凝土等脆性材料修建的建筑物,抗拉、抗冲击能力弱,接缝处是弱点,易发生裂纹、位移、坍塌等病害,应尽量少用,并尽可能选用抗震性能好的钢材或钢筋混凝土。

(4)在地质松软或岩层破碎,地质构造不利地段,不应做深长路堑。

第二节　地　震　液　化

一、地震液化的机理及影响因素

1.地震液化的机理

饱和松散的砂土或黏性土在地震(或其他动力)过程的短暂作用下,呈流动状态,几乎失去抗剪强度和承载能力的现象称为地震液化。这种性质的砂土层称为可液化土。

松散的砂土受到地震时有变得更紧密的趋势。但是,饱和砂土的孔隙是全部为水填充的,因此,这种趋于紧密的作用,将导致孔隙水压力的骤然上升,而在地震过程的短暂时间内骤然上升的孔隙水压力来不及消散,就使原来由砂土颗粒通过其接触点所传递的有效压力减小,当有效压力完全消失时,砂土层就会完全丧失抗剪强度和承载能力,变成像液体一样的状态,这就是通常所谓的地震液化现象。

2.影响液化的因素

经验表明,影响砂土液化的主要因素是土颗粒粒径、砂土密度、上覆土层厚度、地下水埋藏浓度、地面振动强度及其持续时间等。见表9-4。

影响液化的因素　　　　　　　　　　　　　　　　　　　　　　　表9-4

因　素			指　标	对液化的影响
地层岩性条件	颗粒特征	粒径	平均粒径 d_{50}	颗粒愈细愈容易液化,平均粒径在0.1mm左右的抗液化性最差
		级配	不均匀系数 C_0	不均匀系数愈小,抗液化性愈差,黏性土含量愈高,愈不容易液化
		形状		圆形砂比角形砂容易液化
	密度		孔隙比 e	密度愈高,液化可能性愈小
			相对密度 D_r	
	渗透性		渗透系数 K	渗透性低的砂土容易液化
	结构性	颗粒排列胶结程度均匀性		原状土比结构破坏土不易液化,老砂层比新砂层不易液化
	压密状态		超固结比 OCR	超压密砂土比压密砂土不易液化
埋藏条件	上覆土层		上覆有效压力 σ_v	上覆土层愈厚,土的上覆有效压力愈大,就愈不容易液化
			静止土压力系数 K_0	
	排水条件	孔隙水向外排出的渗径长度	液化砂层的厚度	排水条件良好有利于孔隙水压力的消散,能减少液化的可能性
		边界土层的渗透性		
	应力历史			遭受过历史地震的砂土比未遭受地震的砂土不易液化,但曾发生液化又重新压密的砂土,却较易重新液化
动荷条件	地震烈度	振动强度	地面加速度 a_{max}	烈度高,地面加速度大,就愈容易液化
		持续时间	等级纵循环次数 N	振动时间愈长,振动次数愈多,就愈容易液化

二、液化土的判定方法

地基土液化现象,往往将导致地表建筑物严重破坏。因此,地震液化的判定是高烈度地震区工程地质工作的重要内容。

1.现场判定已经发生液化的主要标志

(1)地面喷水冒砂,上部建筑物发生沉陷或明显倾斜,地面变形明显。

(2)海边、河岸稍微倾斜的部位发生滑坡,该滑坡具"流动"的特征;有些虽无流动性质的滑坡但有明显侧向移动的迹象,并在岸坡后方产生沿岸的纵横交错的裂缝。

(3)原来具有明显层理的土,震后层理紊乱。同一地点的相邻触探曲线不重合,变异显著。

2.地震液化判定方法

饱和砂土或粉土(不含黄土)的液化判别及相应的地基处理,对位于设计烈度为Ⅵ度地区的建(构)筑物和管道工程可不考虑。

在地面以下15m或20m范围内的饱和砂土或粉土(不含黄土),当符合下列条件之一时,可初步判为不液化或不考虑液化影响:

(1)地质年代为第四纪晚更新世(Q_3)及其以前、设计烈度为Ⅶ度、Ⅷ度时。

(2)粉土的黏粒(粒径小于0.005mm的颗粒)百分含量,Ⅶ度、Ⅷ度和Ⅸ度分别不小于10、13和16时。

注:黏粒含量判别系采用六偏磷酸钠作分散剂测定,采用其他方法时应按有关规定换算。

(3)当上覆非液化土层厚度和地下水位深度符合下列条件之一时,可不考虑液化影响:

$$d_u > d_0 + d_b - 2$$
$$d_w > d_0 + d_b - 3$$
$$d_u + d_w > 1.5d_0 + d_b - 4.5$$

式中:d_u——上覆盖非液化土层厚度(m),淤泥和淤泥质土层不宜计入;

d_w——地下水位深度(m),宜按工程使用期内的年平均最高水位采用;当缺乏可靠资料时,也可按近期内年最高水位采用;

d_b——基础埋置深度(m),当不大于2m时,应按2m计算;

d_0——液化土特征深度(m)。

饱和砂土或粉土经初步液化判别后,确认需要进一步做液化判别时,应采用标准贯入试验法。当标准贯入锤击数实测值(未经杆长修正)小于液化判别标准贯入锤击数临界值时,应判为液化土。

三、预防地基土液化的工程措施

为减轻液化沉陷影响,对建(构)筑物基础和上部结构的处理,可根据工程具体情况采用下列各项措施:

(1)选择合适的基础埋置深度。

(2)调整基础底面积,减少基础偏心。

(3)加强基础的整体性和刚度,如采用整体底板(筏基)等。

(4)减轻荷载,增强上部结构的整体性、刚度和均匀对称性,合理设置沉降缝,对敞口式构筑物的壁顶加设圈梁等。

(5)厂站建(构)筑物或地下管道傍古河道、现代河滨、海滨、自然或人工坡边建造,当地基内存在液化等级为中等或严重的液化土层时,宜避让至距常时水线150m以外;否则应对地基做有效的抗滑加固处理,并应通过抗滑动验算。

(6)当路提地基为液化土层时,可采取加固地基土或设置反压护道等措施。位于液化土地基上的挡土墙,应采取砂桩、碎石桩等加固地基措施。

(7)位于液化土地基上的特大桥、大中桥应适当增加桥长;桥墩、桥台应采用桩和沉井等深基础,且桩尖及沉井底应进入稳定土层不小于1m;对基底下7m内的液化土应采取振密、碎石桩或换填等加固措施。位于液化土地基上的小桥,可在墩、台基础间设置支撑,或用浆砌片石铺砌河床。

复习与实践

1. 简述地震成因及其类型。
2. 试述地震烈度与震级之间的联系与区别。
3. 简述地震加速度分区与地质烈度的关系。
4. 试述地震主要危害和一般防震原则。
5. 预防地基土液化的工程措施主要有哪些?

第十章　喀斯特地质

第一节　喀斯特地质作用

凡是水对可溶性岩石以化学过程(溶解和沉淀)为主,机械过程(流水侵蚀与沉积,以及重力崩塌和堆积等)为辅的破坏和改造作用,称为喀斯特地质作用,由这种作用所造成的地貌称为喀斯特地貌。喀斯特作用不仅发生在地表,而且更多的是在地下。

一、喀斯特作用的基本条件

喀斯特作用是否能够进行主要取决于岩石的可溶性和水的溶解力。但是喀斯特作用的深入程度则受岩石的透水性和水的流动性的影响。

1. 岩石的可溶性

岩石的可溶性主要取决于岩石的成分和岩石的结构。岩石的成分是指岩石的矿物成分和化学成分。岩石的结构是指组成岩石的矿物颗粒大小、形状、排列和岩石的胶结物质等。

从成分上看,可溶性岩石可分为三类:

(1)碳酸盐类岩石,如石灰岩、白云岩、硅质灰岩及泥质灰岩等。

(2)硫酸盐类岩石,如硬石膏、石膏、芒硝等。

(3)卤盐类岩石,如石盐、钾盐等。

在三类岩石中,溶解度最大的是卤盐类,硫酸盐类次之,碳酸盐类最小。但是由于卤盐类和硫酸盐类岩石分布不广,而碳酸盐类岩石的溶解度虽小,但它的分布很广,岩体大,所以对于地貌的演化比前两者重要得多。

碳酸盐类中的各种岩石,其溶解度亦不一致,主要原因与矿物的组成有关。例如,含方解石为主的石灰岩比含白云石为主的白云岩溶解度要大。实验证明,若纯方解石的溶解度为1,随岩石中的 CaO/MgO 比值增加,相对溶解度亦增加。当 CaO/MgO 比值在 1.2 ~ 2.2 时(相当于白云岩),相对溶解度变化是 0.35～0.82。当 CaO/MgO 比值在 2.2～10.0 时(相当于白云质灰岩),相对溶解度介于 0.80～0.99 之间。当 CaO/MgO 比值大于 10.0 时(相当于石灰岩),相对溶解度接近于 1。

另外,在石灰岩中,随着钙质(Al_2O_3)、铁质(Fe_2O_3)和硅质(SiO_2)等含量的增加而溶解度也减小。因为这些物质难溶于水,它们的存在妨碍了石灰岩的溶解。一般来说,硅质灰岩比白云岩难溶,泥质灰岩又比硅质灰岩难溶。

在结构方面,一般是结晶质岩石的晶粒愈小,相对溶解度就愈大。以白云岩为例,微粒的(CaO/MgO＝2.15)相对溶解度为 0.82,细粒的(CaO/MgO＝2.1)为 0.74,中粒的(CaO/MgO＝2.02)为 0.65。不等粒结构的灰岩又比等粒结构的灰岩相对溶解度大。

在硅质灰岩中,当石英结晶与方解石结晶同时存在时,石英并不能阻止水对方解石的溶解。但当 SiO_2 呈微粒分散分布,或者成为胶结物时,则可阻碍喀斯特作用的进行。

2　岩石的透水性

岩石的透水性影响着水向地下的渗流,并且关系到地下喀斯特作用的进行。岩石的透水性取决于岩石的孔隙度和裂隙度。

可溶性岩石的孔隙度一般是很小的,就碳酸盐岩而言,除了现代的贝壳灰岩和珊瑚灰岩的孔隙度高达 40%～70% 之外,老的石灰岩孔隙度一般为 2%～7%,甚至更小。

对岩石透水性影响最大的是裂隙度。它的大小与岩石的构造、纯度和厚度等有关。

构造是控制岩石透水性的重要因素,如在张性断裂带,有着深长而密集的裂隙;在背斜顶部或向斜深部,因张力作用同样会产生开扩的裂隙。

质纯的石灰岩刚性较强,裂隙虽然稀疏,但开扩而深长,透水性亦强。泥质石灰岩刚性较弱,裂隙虽然密集,但较封闭而短浅,故透水性弱。而且泥质灰岩溶解后产生的残余黏土填塞在裂隙中,使喀斯特作用难于深入。

厚度大的碳酸盐岩层,隔水层少,裂隙延长较深,有利于岩石的溶解。在薄层(一般含较多的不溶物质)、夹层(以碳酸盐岩为主,夹少量非碳酸盐岩)和互层(碳酸盐岩与非碳酸盐岩互层)碳酸盐岩分布区,隔水层较多,裂隙也较紧闭,不利于喀斯特作用的进行。

此外,可溶性岩石的喀斯特化程度本身也影响到岩石的透水性。在喀斯特化强烈的地区,地下溶洞多而规模大,透水性也就强,对于以后喀斯特作用的深入进行,创造了更有利的条件。

3　水的溶蚀力

水对碳酸盐岩石的溶解主要是水中含有 CO_2 在起作用。水中 CO_2 的来源主要有三个方面:即大气中的 CO_2、有机成因的 CO_2 和无机成因的 CO_2。三者提供的溶蚀力占全球溶蚀强度的 58%。此外,水中含有的各种有机酸和无机酸也是促进岩石溶解的重要物质来源。由大气扩散入水中的 CO_2,其含量受温度和大气压力的影响。温度高,水中 CO_2 含量就少;温度低,水中 CO_2 含量就多。压力小,水中 CO_2 含量就低;压力大,水中 CO_2 含量就高。可见水中 CO_2 的含量与温度成反比,与压力成正比。矿物的溶解度亦随着温度或压力的变化而增减。如方解石在通常的 CO_2 分压力(相当于 0.0003 大气压)及 25℃ 时,溶解度为 52mg/kg;当 CO_2 分压增大至 1 大气压时,方解石的溶解度上升为 900mg/kg,为原来溶解度的 17 倍。

又如在压力相同(CO_2 分压力为 0.00033),若温度降低时,方解石的溶解度亦有所增加。

当温度 25℃时,方解石的溶解度为 54mg/kg,而当温度降至 0℃,方解石溶解度则上升为 96mg/kg。

由此可见,温度低的水含 CO_2 多,溶蚀力应当比温度高的水强,但温度高的水离解度增大,即水中 H^+ 和 OH^- 增加,因此,碳酸钙的溶解不是减弱而是增强。

有机成因的 CO_2 主要是土壤中有机质的氧化和分解,造成大量的 CO_2。观测资料表明,土壤空气中 CO_2 的含量可高达 6% 以上,比一般大气中 CO_2 的含量 0.03% 高得多。当地下水通过土壤空气时,把大量的 CO_2 溶解。因此,极大地提高了水的溶蚀能力。

无机成因的 CO_2 主要是岩石体内一些矿物(如黄铁矿等)氧化水解出无机酸,并与碳酸盐岩反应产生 CO_2,在局部环境下,这种现象显得很强烈。

总的来说,水的溶蚀力是随着深度增加而降低的,原因:一是深度愈大,生物地球化学作用逐渐减弱以至消失;二是水和岩石相互作用过程中渐渐失去具有溶蚀性的碳酸。因此喀斯特作用随深度加大而减弱。

4. 水的流动性

流动的水具有增加溶蚀力的作用,因为停滞的水,很快会使溶液达到饱和而失去溶蚀力。但当水处于流动状态时,由于几种浓度不同的溶液混合,可以使原来饱和的溶液变为不饱和。或者流动的水,由于环境发生变化,例如温度降低或气压增大,都将使水中 CO_2 含量增加而获得新的溶蚀力。如果沿途温度升高或压力降低,也会使水中 CO_2 含量减少,造成碳酸钙的重新沉淀。

流动的水除了溶蚀岩石外,还有机械的侵蚀作用,尤其是流量大和夹着砂砾的流水,侵蚀作用就更加明显。

水的流动性主要取决于气候条件,例如热带地区由于降水量大,不论地表水或地下水的循环都很快,含碳酸钙溶液不易饱和,因此具有较大的溶蚀力。在寒带或高寒地区,以固体降水为主,而且土层长期冻结,除了夏季有短期的流水以及永冻层之下有微弱的地下水活动以外,水的流动受到阻碍,故溶蚀作用很慢。在干旱地区,降水量少,溶液很快饱和,溶蚀力更加微弱。

二、喀斯特水的动态

在喀斯特地区,大多数地表水通过各种裂隙和孔隙进入岩体内部,成为地下水流。这种存在于可溶性岩石内的一切地下水体总称为喀斯特水。

喀斯特水的运动形式有多种,其中包括沿孔隙运动的孔隙水,沿裂隙运动的裂隙水,沿管道运动的管道水以及沿溶洞流动的溶洞水等。有些喀斯特水以垂直下渗为主,另一些则以水平流动为主。有的呈自由水面,亦有呈承压状态的。虽然喀斯特水的运动形式多种多样,但它们之间是相互联系的,而且具有垂直分带的特点。

被大河深切的喀斯特地块,喀斯特水的运动状况可分为以下四个带(图 10-1)。

(1)垂直渗透带:该带位于地面以下至丰水期潜水面以上。这里平时水少,只是在雨季或融雪季节才有大量水流。水的运动是沿重力方向,由地面向地下渗流的。该带厚度取决于潜水面的位置,而潜水面的高低又决定于主河谷水面的位置。在地壳上升的高原区,主河谷迅速下切,潜水面随之下降,该带厚度便会增大,如我国黔南桂西北地区,此带厚度达数百米,以至千米以上。在地壳沉降区,主河谷水面和潜水面相应上升,该带厚度也就减薄。在垂直渗入带内多生成垂直性的洞穴。

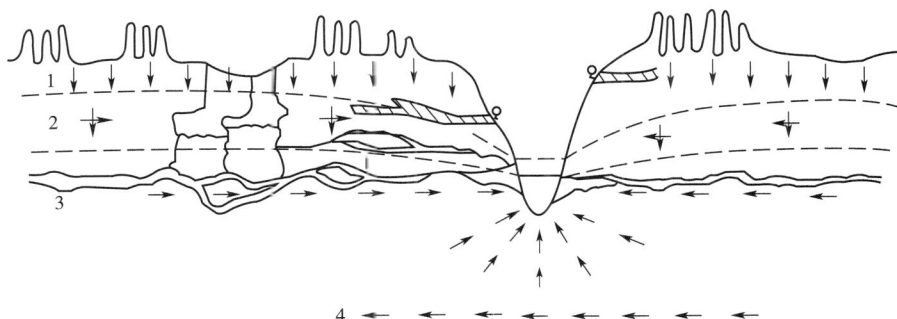

图 10-1 喀斯特水的垂直分带
1-垂直渗透带;2-季节变动带;3-水平流动带;4-深部滞流带

(2)季节变动带:位于丰水期潜水面与枯水期潜水面之间的地带,它受季节性水位的影响十分明显。在雨季或融雪季节,潜水面上升,此时地下水作水平方向流动。在干季,潜水面下降,地下水则作垂直方向流动。由此可见,该带水流方向是由水平流动与垂直流动交替出现的。这种情况有利于垂直的和水平的地下溶洞的发育。

(3)水平流动带:该带是在枯水期潜水面以下,直到谷底补给河流喀斯特水的深处为止。因此它的下限比河床底部还深。这带地下水常年存在,水流总是排入河谷,流动方向接近水平,并且具有自由水面。但在谷底深处,地下水具有承压性,故水流向上。当它出露于地表时成为上升泉。

水平流动带有着活跃的水质交替和混合,所以喀斯特水的溶蚀力较强,可以形成规模较大的水平溶洞。

(4)深部滞流带:位于水平流动带之下,其下限可能很深。由于深部岩层的喀斯特化程度很差,水流极为缓慢,甚至停滞,水质交替也很弱,喀斯特作用不明显。该带水流具有承压性,水流方向不受主河谷影响,而向远处构造盆地或减压带排泄,如果喀斯特岩体接近海边,水流甚至可从海底涌出。

第二节 喀斯特地貌的形态及类型

喀斯特地质作用不仅发生于地表,而更主要的是在地下,由此产生的地貌可分为地表地貌和地下地貌两大类。如果地面抬升,地表受蚀,喀斯特作用的加强,地下地貌会逐渐向地表地貌转化。所以从演化上须把两者联系起来进行研究。岩溶形态示意如图10-2所示。

一、地表喀斯特地貌

1.石芽与溶沟

地表流水沿岩石表面和裂隙流动时所溶蚀出来的石质小沟,称为溶沟(石沟),深度一般在半米以上至数米。突出于溶沟之间的石脊称为石芽。当石芽和溶沟连成一片,构成广阔的地面时,就称为石芽地,在广西境内的西江河岸溶蚀平原上便有不少石芽地分布。

图 10-2　岩溶形态示意图(根据王飞燕)

1-峰林;2-溶蚀洼地;3-岩溶盆地;4-岩溶平原;5-孤峰;6-岩溶漏斗;7-岩溶塌陷;8-溶洞;9-地下河;a-石钟乳;b-石笋;
c-石柱

石芽的发育与可溶性岩石的纯度及厚度有关。如在厚层、质纯的石灰岩上可以发育出高大而尖锐的石芽,在薄层、泥质和硅质灰岩或者白云岩上发育的石芽就比较低矮圆滑。因为不纯的石灰岩很难产生溶沟,或者溶沟被难于溶解的蚀余物质覆盖,石芽就不显露,即使已成的石芽也容易崩落。

裸露于地面的石芽因形态不同可分成山脊式、石林式及车轨式。

山脊式石芽高度不大,一般高 1～2m,但分布普遍,形态非常尖锐,呈尖刀状或小山峰状。

石林式石芽比较高大,高度可达 10m 以上,形态呈笋状、柱状、剑状、菌状等。在高大石芽之间为深窄的溶沟和垂直的沟壁。石林式石芽在我国云南路南石林发育得最好,高 30 余米,它是在厚层、质纯、倾角平缓和具有较疏的垂直节理的石灰岩,以及湿热气候条件下形成的。它们挺拔林立,方圆数十里,蔚为奇观。

车轨式和棋盘式石芽成平行或方格状排列。它是水流沿平行的或斜交的构造裂隙上溶蚀冲刷而成,多分布在山坡上,表示该地流水作用比较强烈。

被土层覆盖的石灰岩,也可以发育出石芽地貌。这种石芽称为埋藏石芽。例如在热带土壤空气中,由于 CO_2 高,因此通过土壤空气的地下水有着较多的碳酸,可以溶蚀土层下的石灰岩,形成溶沟和石芽。但是它们在土层掩盖下不受雨水冲刷,所以石芽外形圆滑,溶沟深度也不大。当埋藏石芽上的土层被侵蚀后,石芽便出露成为半裸露的或裸露的石芽。

2. 溶斗和落水洞

溶斗(漏斗)和落水洞是喀斯特地面上发育最广泛的漏陷地貌。虽然它们都是地表水集中漏入地下的地点,但两者在形态和成因上是有差别的。

(1)溶斗:亦称为"喀斯特漏斗",是一种蝶形、漏斗形、圆筒形的小型封闭式圆洼地,直径从数米至百余米不等,深度一般小于直径。溶斗是现代喀斯特作用下的产物,起着汇集地表水的作用。在溶斗底部通常有消水道(如落水洞,溶隙等)把溶斗的汇水引向地下排走。当溶斗底部被碎屑物覆盖后就成为平底的圆洼地,可供垦殖。

当喀斯特谷地底部的溶斗呈串珠状出现时,暗示着可能有地下河存在。因此,可作为喀斯特区找寻地下水源的指示性地貌。

(2)落水洞:它是开口于地面而通往地下深处裂隙、地下河或溶洞的洞穴。落水洞的深度比宽度大得多,一般宽度很少超过 10m,但深度可达 100m 以上,例如法国的"牧羊人深渊",深1122m,而比利牛斯山上的"马丁石"更深,达 1138m。

落水洞的形态主要有两种:一是裂隙状落水洞,形态狭长,作一定倾斜和曲折向地下延伸,这种落水洞分布最广。二是井状落水洞,它的深度和宽度都很大。

落水洞的生成,除了溶蚀作用以外,更重要的是侵蚀作用和重力作用。因为地表水汇集到落水洞之后,流量增大,而与倾入洞内的砂砾同时冲击和磨蚀洞壁,加上地下河及溶洞顶板崩塌,使之迅速扩大。

3.溶蚀洼地及溶蚀谷地

溶蚀洼地是一种面积较大的圆形或椭圆形的封闭洼地。它的四周多被峰林围绕,其生成一般认为是由多个溶斗融合而成,因为有些洼地底部还残留着溶斗合饼的痕迹。另外,有的溶蚀洼地,如贵州南部的洼地是与大量盲谷连在一起的。在广西喀斯特区,溶蚀洼地的直径由数百米至二千多米不等,底部堆积着 2~3m 厚的红土层,上面常有耕地和村落分布。雨季时常积涝为害,旱季时又因地下水位降低而发生干旱。当洼地底部的排水系统堵塞后,积水成为喀斯特湖。

溶蚀谷地是指宽阔而平坦的谷地,如广西都安的溶蚀谷地宽 1km 以上,长达 10km 以上(图 10-3)。谷地两侧多被峰林夹峙,坌坡急陡,但谷底平坦,横剖面如槽形,又称为槽谷。谷地内常有过境河穿过,它由谷地一端流出,至另一端潜入地下。在河流作用下,谷地不仅迅速扩大,而且堆积了较厚层的冲积物。此外,还保留着石灰岩残积红土,以及低矮的石灰岩孤峰或残丘。

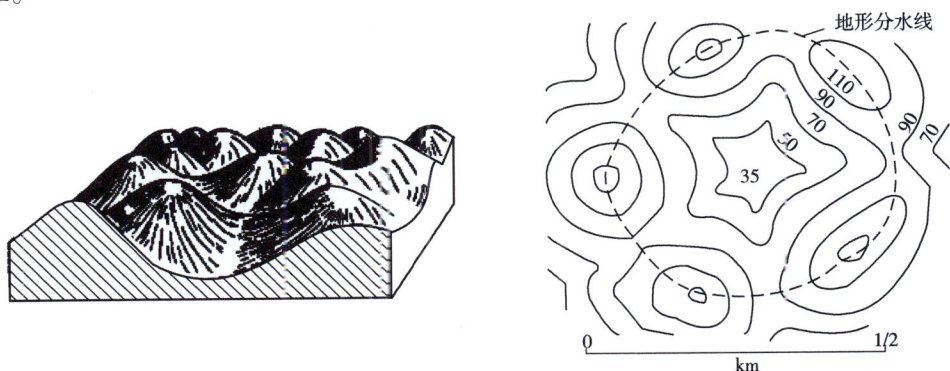

图 10-3　溶蚀洼地

溶蚀谷地的发育受构造影响甚大,例如,有些谷地发育于向斜或背斜轴部,有些沿断陷盆地或断裂带发育,还有一些则沿可溶性岩与非溶性岩的接触带发育。

4.干谷、盲谷与地下河

干谷和盲谷是河流作用下的谷地。其中干谷是喀斯特区往昔的河谷,但现在已经无水或仅在洪水期有水活动,成为遗留谷地。河流干涸的直接原因是喀斯特潜水面降低到河谷之下,因此使河水潜入地下,成为伏流。引起潜水面下降的原因可能是地壳上升和喀斯特作用向地下发展以及地下河袭夺地表河流上游,使它的下游变成干谷;曲流河段因地下河的裁弯取直也同样会产生干谷地貌。

曲流河段因地下河裁弯取直而成的干谷盲谷是一种死胡同式的河谷,其前方常被陡崖所挡,河水从崖下落水洞潜入地下,变为地下河。盲谷前端的落水洞还会往上游迁移,表示地下河不断向河流上游袭夺所造成。

5. 峰丛、峰林和孤峰

由碳酸盐岩石发育而成的山峰,按其形态特征,可分为峰丛、峰林和孤峰。它们都是在热带气候条件下,碳酸盐岩石遭受强烈的喀斯特作用后所造成的特有地貌。这些山峰峰体尖锐,外形呈锥状、塔状(圆柱状)和单斜状等。集合体成峰丛、峰林,有的成孤峰状等。山坡四周陡峭,岩石裸露,地面坎坷不平,石芽溶沟纵横交错,而且分布着众多的溶斗、落水洞和峡谷等。山体内部还发育着大小不等的溶洞和地下河,整个山体被溶蚀成千穿百孔。

石灰岩山峰的生成大致有两种途径:一是由石灰岩体本身的喀斯特作用所成。当石灰岩出露地面以后,受到地表水和地下水的喀斯特作用,产生众多的溶斗、溶蚀洼地与谷地、盲谷及干谷,以及地下河及溶洞的崩陷,使石灰岩地面遭受强烈的切割,形成山峰。二是在可溶性岩与非溶性岩接触带,由于石灰岩漏水性强,囊括了非溶性岩区的地表流水,使其汇集在接触带上,造成那里的石灰岩喀斯特作用特别显著,并产生一系列的漏陷地貌,如溶斗、落水洞及洼地等。而在非溶性岩区由于流水侵蚀作用剧烈,地面高度迅速降低,逐渐成为低矮的丘陵,致使石灰岩体相对突起成为山峰。

二、地下喀斯特地貌

地下喀斯特地貌是喀斯特地区最富有特色的地貌,其中主要有溶洞和地下河道两种。

1. 溶洞的发育

溶洞是地下水沿可溶性岩体各种裂隙溶蚀、侵蚀扩大而成的地下空间。世界上著名的单个溶洞如美国新墨西哥州的卡斯伯(Carsbad)洞中的巨室,长400m,宽230m,高100m。

我国的溶洞规模也很大,如桂林七星岩长千余米,高数十米。多个溶洞连通组合成一个整体时,可称为洞穴系统。

溶洞的发育,初期是地下水沿着细小的裂隙,如层面、节理面和断层面等流动,并进行溶蚀。当孔隙完全充水后,水具有承压性,其溶蚀量比在不承压状态下溶蚀量大得多。以后随着溶隙的扩大和流量流速的增加,地下水除了溶蚀外,还产生机械侵蚀,于是溶隙迅速扩大与合并,形成管道式的流水,如地下河。

溶洞的发育受构造影响很大。首先,溶洞是沿各种构造裂隙溶蚀、侵蚀出来的,所以它的纵剖面具有阶梯状升降的特点。平面轮廓常呈直角转折。在多组裂隙交叉处,不论是溶蚀、侵蚀或崩塌等方面都比较强烈,因此溶洞特别高大,形如"厅堂"。如北京近郊的云水洞,由六个"大厅"组成,贵州的神仙洞"楼厅"也高达40余米。由单一裂隙发育出来的溶洞,规模窄小,犹如"长廊"。其次,岩层的构造形态,如褶曲、倾斜或水平等对溶洞的发育也有明显影响。因为各种构造的岩层层面,都是地下水的良好通道,它为溶蚀作用开创了空间条件,加上层面稳定,延伸又远,所以下渗水流能够深入地下,发育出规模较大的洞穴。随着岩层构造形态的变化而往往产生垂直的、倾斜的、穿形的或水平的溶洞。世界上著名的美国猛犸洞,主洞长达64km,就是在水平岩层上形成的。

溶洞形成以后,如果地壳上升,或者潜水面下降,原来发育于水平流动带上的溶洞,便抬升至季节变动带以至垂直渗透带中,成为长期干涸或间歇性干涸的溶洞。这些溶洞通常位居山体上部,而且有时多层出现,因此,又把它们称为高位溶洞。如桂林七星岩就是由三层高度不同的水平溶洞所组成。当高位溶洞穿过山体时,就成了穿洞,如阳朔的月亮山。干涸溶洞形成的同时,洞内又会发生碳酸钙的重新沉积,加上崩塌以及山外洪积坡积物向洞内倾泻,结果会使溶洞日益缩小,最后可能全部堵塞。

此外,还有些溶洞由于顶板崩落而消失。崩毁后的溶洞往往出现峡谷,如果峡谷中仍残留着狭窄未崩落的洞顶时,则成为天生桥。

2.溶洞地貌

(1)溶蚀地貌:发育在潜水面附近的水平溶洞,由于经常受自由水面的溶蚀、侵蚀作用,所以洞顶平坦。如果洞顶局部地点受到强烈的紊流作用,由于水压增大,溶蚀、侵蚀力加强,结果这些地方的溶蚀量比周围大,形成向洞顶凹入的弧形面。

溶洞两侧边壁有边槽,它标志地下河水面变动时的位置,这里溶蚀、侵蚀作用也较强烈,故形成向洞侧凹入的槽状地貌。

(2)堆积地貌:溶洞堆积物多种多样,除了地下河床冲积物如卵石、泥砂(其中有用砂矿、黏土矿物等)外,还有崩积物、古生物以及古人类文化层等堆积。但最常见和大量的是碳酸钙化学堆积,并且构成了各种堆积地貌,如石钟乳、石笋、石柱、石幔和边石堤等。

①石钟乳:它是悬垂于洞顶的碳溶钙堆积,呈倒锥状。其生成是由于洞顶部渗入的地下水中 CO_2 含量较高,对石灰岩具有较强的溶蚀力,呈饱和碳酸钙水溶液。当这种溶液渗至洞内顶部出露时,因洞内空气中的 CO_2 含量比下渗水中低得多,所以水滴将失去一部分 CO_2 而处于过饱和状态,于是碳酸钙在水滴表面结晶成为极薄的钙膜,水滴落下时,钙膜破裂,残留下来的碳酸钙便与顶板连接成为钙环。

由于下渗水滴不断供应碳酸钙,所以钙环不断往下延伸,形成细长中空的石钟乳(图10-4)。有时下渗水中含有其他杂质或者中央通道上的晶体生长,通道由此被堵塞。以

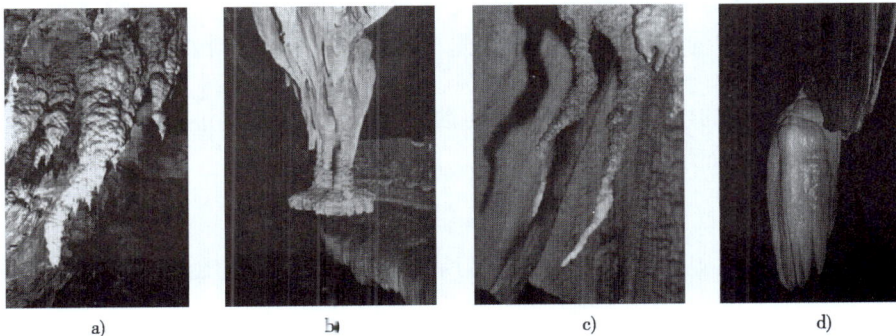

a)　　　　　　b)　　　　　　c)　　　　　　d)

图10-4　石钟乳的形成过程图

后,下渗水继续往石钟乳外部流动与堆积,石钟乳不断增大,它的横切面具有同心圆结构。如果石钟乳附近有多个水滴堆积时,则形成不规则的石钟乳。

②石笋:它是由洞底往上增高的碳酸钙堆积体,形态成锥状、塔状及盘状等。其堆积的方向与石钟乳相反,但两者位置对应。当水滴从石钟乳上跌落至洞底时,变成许多小水珠或流动的水膜,这样就使原来已含过量 CO_2 的水滴有了更大的表面积,促进了 CO_2 的逸散。因此,在洞底产生碳酸钙堆积。石笋横切面没有中央通道,但同样有同心圆结构。

③石柱:石柱是石钟乳和石笋相对增长,直至两者连接而成的柱状体。由洞顶下渗的水溶液继续沿石柱表面堆积,使石柱加粗。

④石幔:含碳酸钙的水溶液在洞壁上漫流时,因 CO_2 迅速逸散而产生片状和层状的碳酸钙堆积,其表面具有弯曲的流纹,高度可达数十米,十分壮观。

⑤边石堤:它是在洞底,特别是底部两边的堤状堆积物。高度不大,约数厘米至数十厘米,又似梯田土埂,排列在洞底缓倾的地面上,由上往下呈阶梯下降,每一阶梯都作堤状突起,并且呈弧形向外弯曲,堤内积水成池,称为边石池或石田。边石堤的生成与原始地面起伏有关。当流动的含钙溶液由积水小洼地漫过高起的边缘时,处于流态的溶液加快了它所含有的 CO_2 的逸散,促进了碳酸钙的重新结晶,因此在洼地边缘发生碳酸钙堆积,并且不断增高加厚,使原来不平的堤顶,经过多次堆积后,也趋于一致。

第三节 喀斯特地区的主要病害及工程处置措施

一、喀斯特地区主要的病害

喀斯特地区病害的主要表现为地表喀斯特形态起伏和岩土不均匀造成的路基不均匀沉降、变形;路基下潜伏溶洞顶板失稳引发路基塌陷;岩土不均匀组合边坡的泥流变形;边坡整体失稳;边坡落石、崩塌、掉块等。其中对城市轨道交通建设影响最大的危害是地面塌陷。塌陷形成的机制主要有以下几个方面。

1. 渗透潜蚀

喀斯特地下水下降后,使地下水的坡降和流速增大,对溶洞充填物和裂隙通道中的松散物质发生潜蚀作用。当覆盖层中的潜水与下部喀斯特水之间发生水力联系时,潜蚀作用更为强烈。潜蚀作用使洞、隙中的充填物被带走,首先在覆盖层底部喀斯特洞隙开口处形成土洞,随着地下水位的下降,覆盖层中的地下水,地表水下渗的水流不断对土体进行潜蚀作用,土洞不断向上扩展,当喀斯特水的水位在基岩面附近波动时,这种作用最强烈。土洞扩展的结果,造成土体失稳、地表开裂、下沉或塌陷。

2. 失托加荷

地下水位下降后,覆盖层土体或土洞顶板所受地下水的浮托力随即减小,这相当于给覆盖层土体增加了一个附加荷载,土层的稳定性降低,从而产生塌陷。

3. 地表水浸泡增荷

降雨和灌溉使土体浸泡、软化、造成土洞顶板的失稳、塌陷。

4. 气爆作用

在连续暴雨或停止抽排喀斯特水的情况下,喀斯特水的水位迅速回升,使原有封闭较好的喀斯特空腔中的气体被压缩,当顶盖强度不足时,则产生气爆破裂而塌陷,并常伴有冒气、爆炸声等。

5. 负压吸蚀作用

当地下水下降至覆盖层底板以下时,喀斯特空腔中的水、气流形成负压,对覆盖层土体产生吸力、使土体向下迁移。同时,负压还加剧了原来就存在的潜蚀作用,加速了土体的破坏、土洞的形成与扩展。负压吸蚀作用的大小取决于地下水的下降速度。在条件适当时,如矿井、导坑大量突水、突泥,负压吸蚀的能量会相当大,同样能因此产生大规模的地面塌陷。

6. 水击

水击作用主要发生于连通较好的喀斯特管道中。当管道中的水突然被堵塞或堵塞突然被冲决时,水流的速度发生交错变化,从而产生水击作用。喀斯特管道因垮落、塌陷被堵塞时,水流速度突减,产生正水击;航空航天工业部因堵体冲决或井下突水时,水流速度突增,产生负水击。水速每变化 1m/s 时,水击压力可达 121 ~ 142m 水头。

7. 振动液化

覆盖土层中有埋藏较浅的饱和粉细砂、黏砂土层时,在地震、人工大爆破、井下突水振动等的作用下会产生液化,向下喀斯特洞穴、孔隙中流失,而导致塌陷。

8. 振动冲击加荷作用

覆盖土层受机械振动冲击(火车、汽车及其他机械的振动),使处于极限平衡状态的土洞顶部坍塌。

9. 地下水位波动

人工抽排地下水时,因为时抽时停地下水位频繁波动,土层反复浸水饱和、干燥,造成土体崩解,并向下迁移,形成土洞并向上扩展。

应该指出,土洞的形成、扩展,直至塌陷,往往不是某一单独因素造成的,而是多种因素共同作用的结果。因此,在分析塌陷成因时,应结合当地的地质条件(喀斯特发育规律,覆盖土层的性质,地下水动态等),气象条件,水、气运动规律等综合考虑。

二、喀斯特地区的工程处理措施

1. 喀斯特洞穴的处理

当城市轨道交通建筑遇大型溶洞时,可采用跨越、加固的方法。从结构形式上,跨越可采用梁跨、板跨、拱跨等。加固应结合工程的具体情况,采用桩、浆砌片石支柱、混凝土块、锚杆、回填等措施,以防止溶洞顶板坍塌,加强洞穴的稳定性。

2. 洞穴堆积物的处理

洞穴堆积物的特点是松软、下沉量大、强度低、不易清除,如在其上修建建筑物时,一般应进行工程处理。主要有如下几种方法

（1）摩擦桩或端承桩法

在溶洞堆积物厚度大，不易清除时，可采用摩擦桩或端承桩深入或穿过溶洞堆积物，达到加强建筑物稳定性的目的。

（2）浮筏式基础法

为防止洞穴堆积物上的建筑物发生不均匀沉降，可采用浮筏式基础，使建筑物浮放于松软土层上。见图 10-5。

（3）清爆法

当溶洞顶覆盖较薄，可采用清爆的方法，揭露溶洞充填物，以便清除、换填，或使充填物风干、提高地基土的强度。见图 10-6。

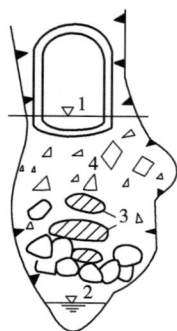

图 10-5　某隧道浮放于堆积体上

1-轨面；2-暗河；3-黏土层；4-碎块石

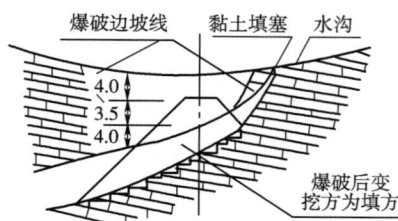

图 10-6　采用爆破措施，变路堑为路堤通过的示意图

（4）压浆法

对于溶洞中较厚的碎块石堆积物，可采用压浆的方法使其固结，对于黏性土、砂类土等以细颗粒为主的堆积物地基或已成建筑基础不定期可采用旋喷桩方法加固。见图 10-7。

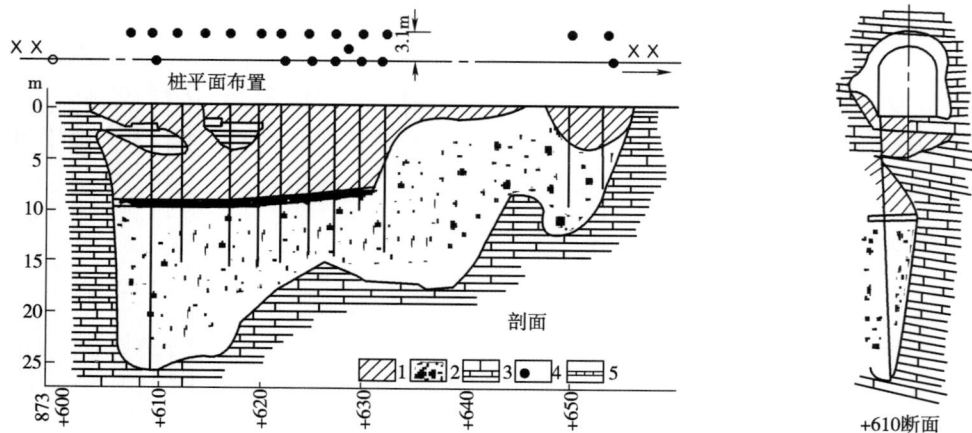

图 10-7　某隧道旋喷桩处理溶洞

1-充填的黏土；2-砂砾石；3-白云质灰岩；4-旋喷桩；5-粉细砂层

3. 地面塌陷的处理

针对前述地面塌陷的原因，首先应研究城市轨道交通沿线的水文地质条件变化情况，提出

加强喀斯特环境地质保护的措施。其次是做好对已成城市轨道交通附近地面塌陷的处理,其方法主要有如下几种:

（1）路堤

在地面塌陷地区采用路堤形式比路堑好,因为路堤不致破坏已成的自然拱,不减薄覆盖层厚度。路堤的填料最好则以碎石、砂等,当路基下部有土洞发生时,路堤填料可起缓冲作用,只产生路面上沉,而不会突然形成空洞,造成重大事故。对既有的塌陷坑,一般也应回填碎、块石、因为细颗粒的填料有被潜蚀的可能。

（2）网格板垫层

当地基下部的地面塌陷的位置和大小已基本探明时,可采用整体的网格板垫层通过。

（3）桩基栈桥

在地面塌陷集中发育的地段,可采用桩基栈桥的方法通过。如图 10-8 所示。

（4）其他处理措施

根据地面塌陷产生的原因,可分别采用一些针对性的整治措施,如采用钻孔气法,避免负压吸蚀作用的发生;采用喀斯特注溶注浆法,堵塞喀斯特水的通道;加固溶洞充填物,防止潜蚀作用的发生;采用恢复地下水的方法（停抽、回灌）,防止潜蚀作用的发生;采用强夯加固地表土层,防止地下水下渗,发生潜蚀等。

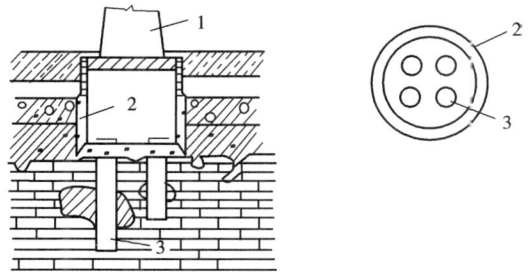

图 10-8 某栈桥基础处理示意图
1-桥墩;2-沉井;3-桩基

4. 喀斯特水的处理

喀斯特水如处理不当,将给城市轨道交通隧道、桥涵等工程带来危害。由于喀斯特水具有与一般水流不同的特点,勘测中受种种条件的限制,很难确切掌握其水量及变化规律。因此,在对喀斯特水量的估计上宜宁大勿小,在排水建筑物的设计上,宜宁宽勿窄。在工程处理上,则应以做好疏导原则。

（1）截流

采用截水盲沟、截水墙、截水洞等截断水流。如图 10-9 所示。

（2）排泄

采用泄水洞、明沟桥涵、管道、围堰等引排喀斯特水,以确保建筑物安全。如图 10-10 所示。

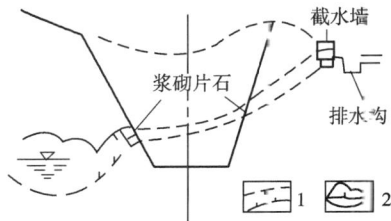

图 10-9 某路堑暗河截流处理示意图
1-暗河;2-喀斯特湖

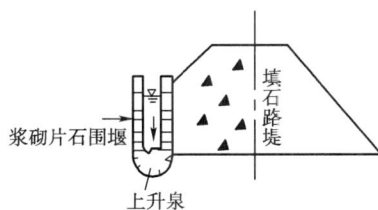

图 10-10 新窑车站喀斯特泉围堰

（3）堵塞

当地下水量较小时，可用水泥砂浆、浆砌片石、黏土等予以堵塞。采用此方法时，应查清喀斯特空腔中水、气运动的规律。但在地下水量较大，水位变化幅度大，水、气压力大的地区，应慎重采取堵塞措施。

复习与实践

1. 何谓喀斯特作用？
2. 影响喀斯特发育的因素有哪些方面？
3. 试述常见喀斯特地貌类型。
4. 简述喀斯特地区的主要病害及其工程处理措施。

第十一章 黄 土 地 质

黄土是自第四纪以来,大陆在干旱和半干旱气候条件下沉积而成的,呈褐黄色或灰黄色,具有针状孔隙及垂直节理的一种特殊二。

黄土在世界大陆上分布极广,约占整个陆地面积的 9.3%。在我国,黄土分布的面积约 64 万 km²,主要分布在秦岭以北的黄河中游地区,如甘、陕的大部分和晋南、豫西等地,甘肃省黄土分布约占省域面积的 70%。这些地区的黄土厚度大,地层全而连续,发育亦较典型,在我国大的地貌分区图上称之为黄土高原。在河北、山东、内蒙和东北南部以及青海、新疆等地亦有所分布。黄土地貌从大的形态来看,多是微倾斜的单调高原或平原,还有呈槽状的盆地形状。实际上,黄土地区沟壑纵横,常发育成为许多独特的地貌形态,其常见的有:黄土塬、黄土梁、黄土峁、黄土陷穴等地貌。

第一节 黄 土

一、黄土的基本特征

各地黄土的性质并不完全相同,故有黄土和次生黄土之分,一般认为黄土有如下特征:

(1)颜色为灰黄、褐黄、棕黄等色。

(2)具多孔性,其孔隙肉眼可见,孔隙度一般为 40%~50%。

(3)含大量碳酸钙(10%~30%)或钙质结核(俗称"砂姜石")。

(4)质地均一,成分以粉粒为主,约占 60%~70%,几乎不含大于 0.25mm 的颗粒。

(5)无层理,一般厚度约在 50~250m 之间,兰州九州台黄土厚度达 321m,为世界黄土厚度之最。

(6)具有显著的垂直柱状节理而具直立性构造,在天然情况下能保持垂直边坡,见图 11-1。

(7)天然含水率很小,干燥时很坚硬,遇水易剥落和遭受侵蚀,见图 11-2。

(8)遇水有显著的湿陷性。

图 11-1　黄土垂直节理

图 11-2　雨水对黄土的侵蚀

由于黄土的成因和形成条件不同,往往不能完全符合典型黄土的特征,因而通常把具备上述大部分或部分主要特征的,称为"次生黄土"。现将黄土和次生黄土的一般特征列于表 11-1 中,供参考。

黄土和次生黄土的特征　　　　　　　　　　　　　　　表 11-1

特征＼土类名称		黄　土	次　生　黄　土
外部特征	颜色	以黄色为主,局部淡黄及褐黄色	淡黄色、棕黄色
	结构	无层理,有肉眼可见的大孔隙及由生物根茎遗迹形成的管状孔隙,常被钙质或泥质填充,较松散质地均一,易碎	具有层理并且由粗粒物质(粗砂或细砾)形成夹层或透镜体,由黏土组成微薄层理,可见大孔较少,质地不均一
	产状	常呈垂直陡壁,垂直节理极发育	有垂直节理,但延伸较小,垂直陡壁不够稳定,有时构成缓坡
粒度成分		以粉土颗粒为主(0.074～0.002mm),一般含量达60%以上,大于0.25mm颗粒含量极少或没有。其中粗粉粒(0.01～0.074mm)在50%以上,颗粒较粗	含0.25mm颗粒,其中粗粉粒(0.05～0.01mm)含量则小于50%,颗粒较细
矿物成分		粗粒矿物以石英、长石、云母为主,其含量60%以上。黏土矿物如蒙脱石、伊利石、高岭土等,矿物成分复杂	粗粒矿物以石英长石云母为主,含量较低,在50%以下,有时云母含量较高,黏土含量较高,仍以蒙脱土、伊利石、高岭土为主
化学成分		以 SiO_2 为主,其次为 Al_2O_3、Fe_2O_3,富含碳酸钙,少量可溶盐类,pH 值高	仍以 SiO_2 为主,Al_2O_3、Fe_2O_3 次之,含碳酸钙及可溶盐类,含量随时代新老有所不同,时代较老碳酸钙含量较高,新的沉积碳酸钙含量较低
成岩(固结)程度		一般固结较差,较松散,但时代老的黄土较坚硬,称做石质黄土	局部固结
成因		以风成为主,少量水成	主要是流水堆积
物理性质	孔隙度湿陷性	孔隙度高,一般为50%以下。湿陷性较显著	孔隙度一般为40%以下。湿陷性较小或无湿陷性
	渗透性	较大,渗透系数一般在0.6～0.8m/昼夜,有时可高达1m/昼夜	渗透系数较小,有时实际上不渗水

二、黄土的分类

根据黄土形成地质年代的不同,可将黄土分为砂黄土、新黄土、老黄土和红色黄土四类,见表 11-2。

黄土按地质年代和塑性图分类　　　　　　　　　　　表 11-2

类　别	地　层　时　代		地层名称	塑性图分类指标		土　名	符　号
砂黄土	全新世	Q_4	次生黄土	0 ~ 22	4 ~ 7	粉质亚砂土	CLMY
新黄土	晚更新期	Q_3	马兰黄土	22 ~ 30	7 ~ 15	粉质轻亚黏土	CIMY
老黄土	中更新期	Q_2	离石黄土	30 ~ 43	14 ~ 25	粉质亚黏土	CIMY
红色黄土	早更新期	Q_1	午城黄土	43 ~ 50	> 25	粉质重亚黏土	CIMR

第二节　黄土的工程性质

一、黄土的湿陷性

黄土的湿陷性是指天然黄土在一定压力作用下,被水浸湿后土的结构受到破坏而发生突然下沉的现象。具有这种特性的黄土称为湿陷性黄土;不具有这种特性的称为非湿陷性黄土。湿陷性黄土往往在地面上形成碟形洼地或陷穴,常引起建筑物基础的变形而开裂,甚至造成倒塌。所以,黄土的湿陷性对建筑工程,特别是基础工程有着重要的影响。

湿陷性黄土通常分为两类:一是被水浸湿后在自重压力下发生湿陷的,称为自重湿陷性黄土;二是被水浸湿后在自重压力下不发生湿陷,而在附加压力作用下产生湿陷的,称为非自重湿陷性黄土。在工程中,对自重湿陷性黄土尤应加以注意。

二、黄土的湿陷性评价

1. 湿陷性黄土的评价

湿陷性黄土在一定压力作用下,沉降稳定后浸水饱和而产生的附加下沉,即为湿陷变形。常用湿陷系数 δ_s 来定量判定黄土湿陷性。湿陷系数 δ_s 值等于或大于 0.015 的黄土为湿陷性黄土,小于 0.015 的黄土为非湿陷性黄土。按照湿陷系数 δ_s 可把湿陷性黄土分为 3 类:弱湿陷性黄土($\delta_s < 0.03$)、中等湿陷性黄土($0.03 \leqslant \delta_s \leqslant 0.07$)和强湿陷性黄土($\delta_s > 0.07$)。

2. 自重湿陷性黄土的评价

自重湿陷系数 δ_{zs} 主要用于计算自重湿陷量,表示单位体积土样在其深度受上覆土层和自重压力作用下所产生的湿陷变形。自重湿陷量 Δ_{zs} 按自重湿陷系数 δ_{zs} 计算而得,即:

$$\Delta_{zs} = \beta_0 \sum_{i=1}^{n} \delta_{zsi} h_i \qquad (11-1)$$

其中,δ_{zsi} 为第 i 层土在上覆土得饱和($S_r > 0.85$)自重压力下的自重湿陷系数;h_i 为第 i 层土的厚度(cm);β_0 为修正系数。实测 Δ_{zs} 是在现场采用试坑浸水试验确定的,其大小与土的湿陷性质及其厚度、试坑面积、浸水时间、浸水量等因素有关。计算相同的场地内,浸水试坑面积

155

大、浸水量多、浸湿土体的范围大,则实测大;反之,则小。建筑场地的自重湿陷类型,应按实测 Δ_{zs} 或按室内压缩试验累计的计算 Δ_{zs} 判定,与基础埋深无关。当实测或计算 $\Delta_{zs} \le 7cm$ 时,应定为非自重湿陷性黄土场地,$\Delta_{zs} > 7cm$ 时,为自重湿陷性黄土场地。

3. 湿陷性黄土地基的湿陷等级的评价

湿陷性黄土地基的总湿陷量 Δ_s 为其在基础载荷作用下浸水饱和产生湿陷变形的计算值,自基础底面算起,且可按下式计算:

$$\Delta_s = \sum_{i=1}^{n} \beta \delta_{si} h_i \qquad (11-2)$$

其中,δ_{si} 为第 i 层土的湿陷系数,h_i 为第 i 层土的厚度(cm);β 为修正系数。湿陷性黄土地基的湿陷等级,是根据基底下各土层累计的总湿量 Δ_s 和计算自重湿陷量 Δ_{zs} 的大小等因素按表 11-3 而判定。

湿陷性黄土地基的湿陷等级   表 11-3

湿陷量(cm)	非自重湿陷性场地	自重湿陷性场地	
	$\Delta_{zs} \le 7$	$7 < \Delta_{zs} \le 35$	$\Delta_{zs} > 35$
$\Delta_s \le 30$	I(轻微)	II(中等)	—
$30 < \Delta_s \le 60$	II(中等)	II 或 III	III(严重)
$\Delta_s > 60$	—	III(严重)	IV(很严重)

三、黄土地区的防治处理工程

由于黄土结构疏松,具有大孔隙、抗水性能差、易崩解、潜蚀、冲刷和湿陷等特性,导致黄土地区工程出现多种病害,如边坡的剥落、冲刷、坍塌、滑坡;地基和建筑物不均匀的沉降、变形开裂等。因此,在城市轨道交通工程中必须采取相应的防治措施。

1. 边坡防护

(1)种——采取生物防治工程措施,种草植树,防止水土流失。因地制宜选择当地植物种群,绿化美化边坡。

(2)切——利用黄土直立不倒的特性,陡切边坡,尽量减少受雨面积,防止坡面冲刷。

(3)导——在黄土边坡刻折线槽,引导水流消力,减轻坡面冲刷。

(4)砌——在黄土边坡基部片石衬砌,增强坡角抵御冲刷的能力。因为黄土边坡在坡角范围容易发生严重冲刷和应力集中现象。

2. 轨道路基防护

(1)夯——重锤夯实表层,目的是消除黄土地基直接持力层的湿陷性。

(2)垫——加垫层并控制到最佳含水率分层压密夯实,可以最大限度地消除黄土地基直接持力层的湿陷性,减小或消除地基湿陷变形;增加地基的防水效果,减少垫层下未处理黄土的浸水机会。

(3)排——排出地表水,疏干地下水。由于黄土的抗水性能差,故在黄土地区必须重视排水设施,使水流畅通无阻。同时,对天沟、吊沟和侧沟以及冲刷较大部位的沟底铺砌加固,严防水流渗漏,以免使排水系统遭到破坏。

第三节　黄土地貌

黄土地貌可分为黄土沟谷地貌、黄土沟(谷)间地貌、黄土谷坡地貌和黄土潜蚀地貌等几种类型。

形成上述各种黄土地貌的原因,除了黄土本身的特点外,还受黄土堆积前的古地形和黄土区的各种外营力作用,如流水作用、重力作用、地下水作用和风的作用等。

一、黄土沟谷地貌

黄土区千沟万壑,地面被切割得支离破碎。根据黄土沟谷形成的部位、沟谷的发育阶段和形态特征,可将黄土沟谷分为以下几种,见图11-3。

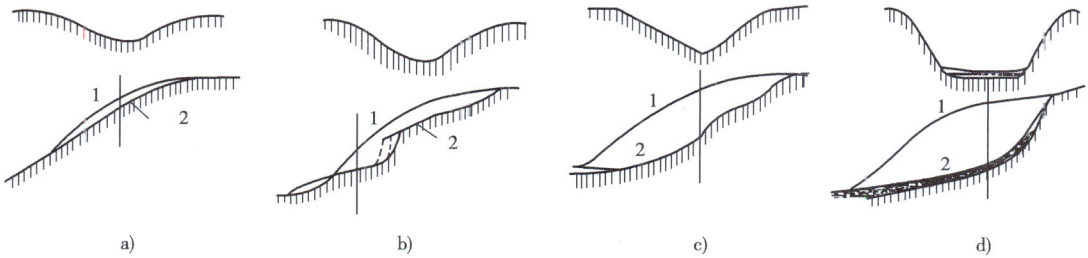

图 11-3　黄土沟谷发育的阶段
a)纹沟 b)细沟 c)切沟 d)冲沟
1-坡面地形线;2-沟底地形线

(1)纹沟。在黄土的坡面上,降雨时形成很薄的片状水流。由于原始坡面上的微小起伏和石块、植物根系或草丛的阻碍,水流可能发生分异,聚成许多条细小的股流,侵蚀土层,即形成细小的纹沟。这些细小的纹沟彼此穿插,相互交织在一起。纹沟的重要标志是没有沟缘线,沟底纵剖面与斜坡面纵剖面一致,经耕犁可立即消失(图11-4)。

(2)细沟。坡面水流增大时,片流就逐渐汇集成股流,侵蚀成大致平行的细沟。细沟的宽度一般不超过0.5m,深度约0.1～0.4m,长数米到数十米。细沟的谷底纵剖面呈上凸形,下游开始出现跌水,横剖面呈宽浅的"V"字形,沟坡有明显的转折(图11-5)。

图 11-4　纹沟

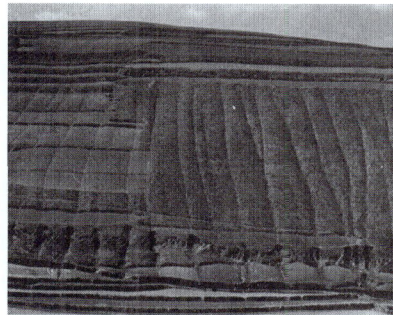

图 11-5　细沟

(3)切沟。细沟进一步发展,下切加深,切过耕作土层,形成切沟(图11-6)。切沟的宽度和深度均可达 1～2m,长度可超过几十米。切沟的纵剖面坡度与斜坡坡面坡度不一致,沟床多陡坎。横剖面有明显的谷缘。

(4)冲沟。切沟进一步下切侵蚀,形成冲沟(图 11-7)。冲沟的规模较大,长度可达数公里或数十公里,深度达数十米至百米,常下切到早、中更新世黄土层或上新世红土层。冲沟纵剖面呈一下凹的曲线,与斜坡凸形纵剖面完全不同。

图 11-6　切沟　　　　　　　　　　　　　　图 11-7　冲沟

黄土冲沟的沟头和沟壁都较陡,沟头上方或沟床中常有一些很深的陷穴(图 11-8),它是由于下渗的水流对黄土中的钙进行溶蚀,并把一些不溶的细小颗粒带走,使地表发生下陷而形成的。陷穴形成后,便进一步促使沟头向源增长,冲沟增长,沟床加深。冲沟两侧的沟壁常发生崩塌,使沟槽不断加宽。沟底平坦并沉积了较厚的冲积物,成为坳沟,这时的沟谷已较稳定,不再切割,平坦的谷底常开垦成耕地。由于冲沟切割较深,能达到潜水层,常有地下水出露,有些坳沟有经常性流水。

图 11-8　黄土陷穴

(5)坳沟:冲沟发育到一定程度,向源侵蚀和下切侵蚀减弱,不再加深沟底,纵剖面坡度相当平缓,沟床上有沉积物覆盖;沟坡逐渐变得平缓,不再有明显的沟缘。这种宽浅的干谷,称为坳沟,坳沟的形成标志着沟谷发育已进入衰亡阶段。坳沟沟底常已辟为农田。

在冲沟发育过程中,若沟底下切到潜水面以下,沟谷水流得到地下水不断补给,则由暂时性水流转变为经常性水流,冲沟就演变为河谷。

应当指出,由于气候、地形、土质和植被等因素及其组合特征的不同,各地侵蚀沟谷的发育程度和演化阶段颇有差异。在同一区域内,各条冲沟可能处于不同发育阶段;对于同一冲沟系统而言,不同地段的冲沟,所处的发育阶段也可能有所差别。

二、黄土沟(谷)间地地貌

黄土沟(谷)间地地貌可分为塬、梁、峁三种类型。塬、梁、峁是黄土高原的黄土堆积的原始地面经流水切割侵蚀后的残留部分。它们的形成和黄土堆积前的地形起伏及黄土堆积后的流水侵蚀都有关。黄土堆积过程中可继承古地貌形态而发育各种黄土地貌,例如古地貌是平缓的盆地或微倾斜的平原,在此基础上堆积黄土,就可能形成宽广而平坦的黄土地面,由于黄土堆积后的地面较平坦,沟谷不甚发育,能长期保存大面积的原始黄土地面,即黄土塬。在波状起伏的丘陵上堆积的黄土,由于受基底古地形的影响,黄土堆积的地面也随着基底起伏而起伏,在低洼处则可继承古地形发育沟谷,使黄土堆积地面形成长条形的梁和块状的峁。宽广的黄土塬,随着时间的推移,沟谷的源头进一步伸长和切割,也可使黄土塬变成黄土梁或黄土峁。黄土塬是黄土堆积的高原面,四周为沟谷的沟头向源侵蚀,从平面上看,黄土塬常呈花瓣状(图11-9)。塬的顶面部分地势极平坦,坡度不到1°,塬的边缘地带的坡度可增至5°。我国黄土高原有许多规模较大的黄土塬,如陇中盆地的白草塬,陇东盆地的董志塬,陕北盆地的洛川塬和晋西的吉县塬等。有些黄土塬的面积可达2000~3000km²,在泾河支流蒲河和马莲河之间的董志塬,长为80km,宽为40km。黄土塬如受沟谷长期切割,面积逐渐缩小,这时就可能有两条冲沟的沟头向中心伸展而很接近,沟头之间剩下一条极窄的长脊,称为"崾崄"。

黄土梁是长条形的黄土高地(图11-10)。根据黄土梁的形态可分为平顶梁和斜梁两种。黄土平顶梁的顶部较平坦,宽度不一,多数为400~500m,长达数公里。平顶梁的横剖面略呈穹形,坡度达1°~5°,沿分水线的纵向坡度只1°~3°。梁顶向下有明显的坡折,转而为坡长较短、坡度较大(一般在10°以上)的梁坡。黄土斜梁的梁顶宽度不大,横剖面呈明显的穹形,沿分水线有较大的起伏。梁顶横向与纵向的斜度,一般是3°~5°,有的增大到8°~10°,梁坡较长,坡度由15°~35°不等。

图11-9　黄土塬

图11-10　黄土梁

黄土峁是一种孤立的黄土丘,平面呈椭圆形或圆形,峁顶地形呈圆穹形(图11-11)。峁与峁之间为地势稍凹下的宽浅分水鞍部。若干峁连接起来形成和缓起伏的梁峁,统称为黄土丘陵。

三、黄土谷坡地貌

黄土谷坡的物质在重力作用和流水作用下,发生移动,谷坡变缓,形成各种黄土谷坡地貌。

1.泻溜

黄土谷坡表面的土体受干湿和冷热等变化影响,引起物体的胀缩而发生碎裂,形成碎土和岩屑,在重力作用下,顺坡而下称为泻溜(图11-12)。在谷坡的上方,形成泻溜面,坡度多在

35°～45°,谷坡的下方是泻积坡,坡度在 35°～38°。由于泻溜作用使谷坡上物质泻落到沟床两侧,洪水时期成为沟谷水流的泥沙主要来源之一,这也是黄土沟谷区水土流失的方式之一。

图 11-11　黄土峁

图 11-12　泻溜

2. 崩塌

在黄土的谷坡上,由于雨水或径流沿黄土的垂直节理下渗,水流在地下进行溶蚀作用,并把一些不溶的细小颗粒带走,使节理不断扩大,谷坡土体失去稳定而发生崩塌。另外,如沟床河流侵蚀岸坡基部或因雨水浸湿陡崖基部而使上坡失去稳定,也能发生崩塌。一般来说,黄土能形成很陡的斜坡而不易崩塌,黄土区能见到许多直立的黄土柱,多年不坠。但是,一旦黄土受湿,其斜坡的稳定性就要大大降低(图 11-13)。

图 11-13　崩塌

3. 滑坡

黄土沟谷的滑坡常在不同时代的黄土接触面之间或黄土与基岩之间产生滑动(图 11-14)。例如马兰黄土与离石黄土或午城黄土接触面之间的滑坡,就是由于不同时代黄土的质地不同,地下水的下渗程度不同造成的。地震时,黄土丘陵区的大型滑坡常能阻塞沟谷而成湖池,湖池淤满后,积水排干而成平整的低洼地,叫湫地。例如 1920 年的海原地震,形成许多黄土滑坡,一些大规模的滑坡堵塞河流和沟谷形成几十个湖池,大多数湖池已干涸形成湫地。

4. 谷坡人工地貌——黄土窑洞(图 11-15)

图 11-14　滑坡

图 11-15　黄土窑洞

160

四、黄土潜蚀地貌

地表水沿黄土中的裂隙或孔隙下渗,对黄土进行溶蚀和侵蚀,称为潜蚀。潜蚀后,黄土中形成大的孔隙和空洞,引起黄土的陷落而形成的各种地貌,称黄土潜蚀地貌。黄土潜蚀地貌有以下几种。

1. 黄土碟

在平缓的黄土地面上,有一种碟形凹地,深数米,直径 10～20m,称为黄土碟。它是由于地表水下渗浸湿黄土后,在重力作用下黄土发生压缩或沉陷使地面陷落而成的。

2. 陷穴

黄土陷穴是黄土区地表的穴状洼地,它向下延伸可达 10～20m,常发育在地表水容易汇集的沟间地或谷坡上部和墚峁的边缘地带,由于地表水下渗进行潜蚀作用使黄土陷落而成。陷穴按形态可分为竖井状陷穴和漏斗状陷穴。有些陷穴成串珠状分布,下部有通道相连,它们多分布在坡面长或坡度大的墚峁斜坡上。串珠状陷穴的穴间孔道经长期潜蚀和崩塌可不断扩大,陷穴遭到破坏,使沟床加深并伸长,见图11-16。

图 11-16 陷穴

3. 黄土桥

两个陷穴之间或从沟顶陷穴到沟壁之间由于地下水作用使它们沟通,并不断扩大其间的地下孔道,在陷穴间或陷穴到沟床间地面顶部的残留土体形似土桥称黄土桥,见图11-17。

图 11-17 黄土桥

4. 黄土柱

黄土柱是分布在沟边的柱状黄土体,它是由流水沿黄土垂直节理潜蚀和崩塌共同作用下形成的,是黄土陡坡经崩塌残留的黄土部分。黄土柱可高达数米,见图11-18。

图 11-18 黄土柱

复习与实践

1. 试述黄土的特征。

2. 黄土有哪些性质?

3. 简述黄土地貌类型。

4. 何谓塬、梁、峁?

5. 黄土沟谷演化分哪几个阶段?

6. 试述黄土陷穴形成过程。

7. 黄土地区常见的工程病害有哪些? 通常采取哪些技术措施来加以防范?

附录 工程地质图例

一、土和岩石图例

1. 土的图例

填筑土	草皮	种植土	黏土(轻、重)
粉土	粉贡砂土	亚砂土(粗、细、粉质)	亚黏土(粉质轻、粉质重、轻、重)
黄土	黄土状砂性土	黄土状粉性土	黄土质黏土
碎石土	漂石土	块石土	砂姜石
泥炭土	粉、细、中、粗、砾砂	圆砾土	角砾土
卵石土	淤泥	冰碛层	冰雹(断面图用)
石膏土	盐渍土		

2. 沉积岩

砾岩	角砾岩	砂岩	页岩

163

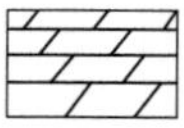

泥灰岩

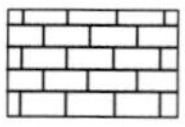

石灰岩

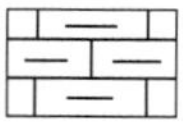

炭质灰岩

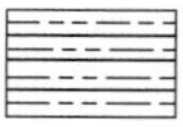

泥质砂岩

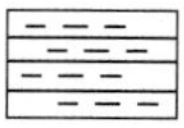

泥岩(黏土岩)

炭质页岩

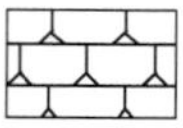

燧石灰岩

石膏

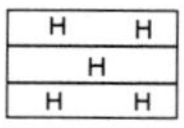

岩盐

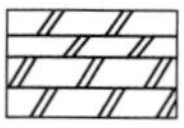

蛋白土

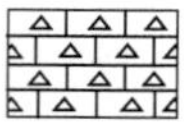

角砾状灰岩

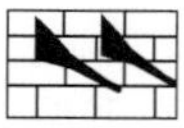

岩溶化石灰岩

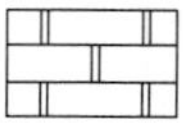

白云质灰岩

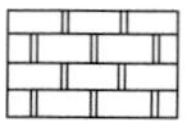

白云岩

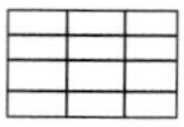

白垩

煤层

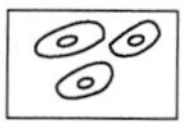

含结核层

3. 岩浆岩

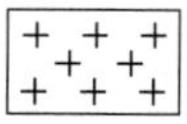

花岗岩

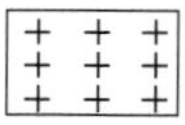

花岗斑岩

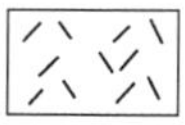

流纹岩

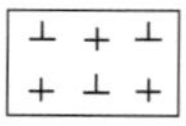

花岗闪长岩

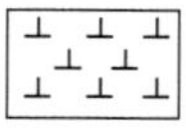

闪长岩

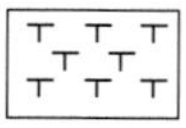

正长岩

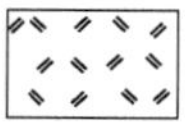

二长岩

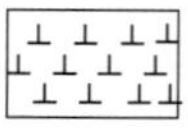

闪长斑岩

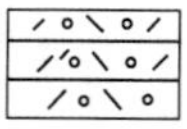

凝灰岩

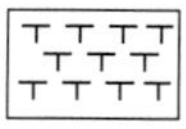

粗面岩

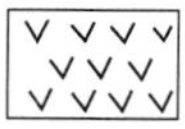

安山岩

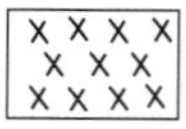

辉长岩

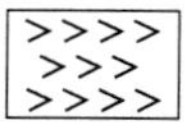

辉石岩

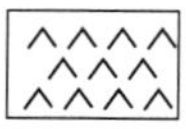

橄榄岩

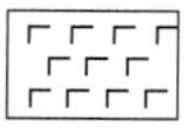

玄武岩

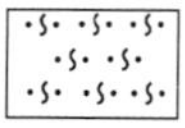

蛇纹岩

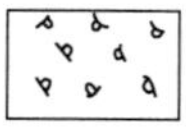

浮岩

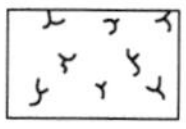

黑曜岩

4. 变质岩

片岩	千枚岩	板岩	绿泥片岩
片麻岩	角页岩	花岗片麻岩	混合岩
石英片岩	大理岩	白云大理岩	硅质灰岩
石英岩	构造角砾岩	压碎岩	糜棱岩
角闪片岩	二云片岩		

二、地质构造图例

层理产状	垂直地层(箭头指顶面)	水平地层	节理产状
垂直节理	张开节理产状	倒转地层	劈理产状
片理、叶理产状	背斜及其枢纽倾伏角	向斜及其枢纽倾俯角	穹隆构造
盆地构造	正断层的产状(齿侧为下落部分，虚线为推断部分)	逆断层的产状(齿侧为下落部分，虚线为推断部分)	逆掩断层的产状(齿侧为下落部分，虚线为推断部分)
平移断层	断层破碎带(断面图用，箭头表示上下盘移动方向)	不整合接触线	

三、地貌及不良地质图例

V形谷、峡谷	河流阶地(数字为相对高度)	冲沟	坡面剥落
古滑坡	错落	箱形谷、U形谷	河岸冲刷
坡面冲刷	暗河 (上为进口，下为出口)	溶槽 溶沟	干谷
崩塌	岩堆	泥石流	滑坡
古错落	洪积扇	冲积锥	古冲积锥
溶洞	岩溶湖	岩溶上升泉或下降泉	沼泽
沙垅	固定沙丘	半固定沙丘	新月形沙丘
新月形沙丘链	坡立谷	溶蚀洼地	岩溶塌陷
漏斗	落水洞	竖井	岩溶(不分类)
陷穴	暗洞	软土	牛轭湖
冰斗	悬谷	厚层地下水	鼓丘

多年冻土下限	多年冻土上限	格状沙丘	风蚀盆地
风蚀残丘	水库不同期限的坍岸线	水库最终坍岸线	雪崩
冻土沼泽	冰川鳍脊	热融湖	冰碛
冰塔	冰湖	冰丘	冰椎
槽状冰川谷	冰层	雪崩谷	冰川泥石流
爆炸性充冰鼓丘	热融滑塌	冰洞	冰水沉积
新雪	粒雪		

四、建筑物的变形图例

下沉	冻害	塌方	错断
房屋变形	垂直裂缝	翻浆	隧道滴水
地面裂缝 (虚线为推断裂缝)	搓板		

五、水文地质图例

井(有水的)	井(干枯的)	上升泉	下降泉
地下水等水位线或基岩等高线	取水样钻孔	抽水(提水)试验井	压水试验孔
地下水深度(平面图用) 3.5m	地下水位线	抽水(提水)试坑	取水样试坑

六、料场图例

石料 $\dfrac{Q}{I-4}$	卵漂石 $\dfrac{Q}{II-3}$	碎石 $\dfrac{Q}{III-1}$	黏土 $\dfrac{Q}{I-7}$
水 $\dfrac{Q}{VII-1}$	草皮 $\dfrac{Q}{VIII-6}$	砾石 $\dfrac{Q}{IV-5}$	砂 $\dfrac{Q}{V-2}$
粉煤灰 $\dfrac{Q}{IX-6}$	钢渣		

七、地质勘探图例

观测路线	观测点	试坑	取土样试坑
钻孔	荷载试验地点	电探点 (N)	钻孔(用于剖面图)
动力触探试验孔 (1-平面图;2-剖面图)	大型直剪试验点	取土样钻孔	天然露头

清除表土　植物化石产地　动物化石产地　钎探孔

探井
(用于剖面图)

静力触探试验孔
(1-平面图;2-剖面图)

取土试样位置
(用于剖面图)

5 | 51.32
17.50|46.16

孔号 | 孔口高程
孔深 | 稳定水位高程

轻型钻机钻孔

八、地质界线图例及符号

不良地质界线

岩层分界线
(平面图用)

岩层分界线
(断面图用，虚线为推断部分)

岩层风化带分界线
(断面图用)

工程地质分区界线

Ⅱ

工程地质分区编号

Ⅲ

土石工程分级
(断面图用)

Ⅱ—Ⅱ

地质剖面线及编号

九、地震图例

Ⅶ

地震烈度
(罗马字表示基本烈度数)

震中

地震烈度分界线

参 考 文 献

[1] 铁道部第一勘测设计院.铁路工程地质手册[M].中国铁道出版社,1999.

[2] 人民交通出版社高职教材出版中心.城市轨道交通专业教学标准与课程标准[S].人民交通出版社,2012.

[3] 李志强.公路工程地质与地貌[M].兰州:兰州大学出版社,2010.

[4] 李斌.公路工程地质.2版[M].北京:人民交通出版社,2004.

[5] 盛海洋.工程地质与地貌[M].郑州:黄河水利出版社,2002.

[6] 李瑾亮.地质与土质[M].北京:人民交通出版社,1995.

[7] 齐丽云.工程地质[M].北京:人民交通出版社,2002.

[8] 杜恒俭,陈华慧,曹伯勋.地质学及第四纪地质学[M].北京:地质出版社,1981.

[9] 中华人民共和国行业标准.JTG C20—2011 公路工程地质勘察规范[S].北京:人民交通出版社,2011.

[10] 臧秀平.工程地质[M].北京:高等教育出版社,2004.

[11] 李永乐.岩土工程勘察[M].郑州:黄河水利出版社,2004.

[12] 中华人民共和国行业标准.TB 10038—2012 铁路工程特殊岩土勘察规程[S].北京:中国铁道出版社,2012.

[13] 中华人民共和国行业标准.TB 10012—2007/J 124—2007 铁路工程地质勘察规范[S].北京:中国铁道出版社,2007.

[14] 中华人民共和国行业标准.TB 10027—2012 铁路工程不良地质勘察规程[S].北京:中国铁道出版社,2012.

[15] 中华人民共和国行业标准.GB 50021—2009 岩土工程勘察规范[S].北京:中国建筑工业出版社,2009.

[16] 中华人民共和国行业标准.GB/T 50279—1998 岩土工程基本术语标准[S].北京:中国计划出版社,1998.

[17] 蒙吉军.综合自然地理学[M].北京:北京大学出版社,2005.

[18] 毛明海.综合自然地理学教程[M].杭州:浙江大学出版社,2000.

[19] 伍光和,蔡云龙.综合自然地理学[M].北京:高等教育出版社,2004.

[20] 中国地震局.GB 18309—2001 中国地震动参数区划图[S].北京:中国标准出版社,2001.

[21] 潘懋,李铁锋.灾害地质学.2版[M].北京:北京大学出版社,2012.

[22] 李志强.两—站公路康—站段工程地质问题及预防措施[J].兰州交通大学学报,2004(1).

[23] 王国强,刘宏杰,吴道祥.黄土的工程地质特性研究[J].安徽水利水电职业技术学院学报,2005(5).